INVENTAIRE
S 26,532

CONFÉRENCES

FAITES

À SAINT-JEAN, A BORDEAUX

LA CHALEUR ET L'HUMIDITÉ

A LA SURFACE DE LA TERRE

PAR

M. DUJARDIN

PROFESSEUR DE GÉOGRAPHIE COMMERCIALE A LA SOCIÉTÉ
PHILOMATIQUE DE BORDEAUX
ANCIEN PROFESSEUR D'HISTOIRE DE L'UNIVERSITÉ

PARIS

LIBRAIRIE DE L. HACHETTE ET Cie
BOULEVARD SAINT-GERMAIN, N° 77

1867
Prix : 25 centimes

381

LA CHALEUR ET L'HUMIDITÉ

À LA SURFACE DE LA TERRE

9L590

Coulommiers. — Typographie de A. MOUSSIN.

CONFÉRENCES

FAITES

A LA GARE SAINT-JEAN, A BORDEAUX

LA CHALEUR ET L'HUMIDITÉ

A LA SURFACE DE LA TERRE

PAR

M. DUJARDIN

PROFESSEUR DE GÉOGRAPHIE COMMERCIALE A LA SOCIÉTÉ
PHILOMATIQUE DE BORDEAUX
ANCIEN PROFESSEUR D'HISTOIRE DE L'UNIVERSITÉ

PARIS

LIBRAIRIE DE L. HACHETTE ET Cie

BOULEVARD SAINT-GERMAIN, N° 77

1867

Droits de propriété et de traduction réservés.

LA
CHALEUR ET L'HUMIDITÉ

A LA SURFACE DE LA TERRE

MESSIEURS,

Il n'y a pas encore 400 ans, les Européens abordaient en conquérants aux terres du Nouveau-Monde. Les naturels, à leur approche, avaient pris leurs navires pour des monstres marins; après leur débarquement, quelques-uns les prirent eux-mêmes pour des dieux. Ces navires n'étaient pourtant que de méchantes barques pontées; ces dieux, c'étaient... des Espagnols. Pourquoi nous étonner? Les habitants de ces contrées lointaines n'étaient alors que de pauvres sauvages.

Mais longtemps auparavant, mettons 1500 ans, la terre portait et nourrissait à grand'peine un peuple peu nombreux qui se disait le maître du monde, parce qu'il en avait conquis à peu près tout ce qu'il lui

avait été donné d'en connaître. Il s'appelait
le peuple romain. Dernièrement, je le sais
bien, on vous a fait passer une soirée très-
agréable en sa compagnie, mais ce résultat
tient surtout au talent remarquable de l'ora-
teur, et à cette circonstance que ce peuple
est mort, bien mort, et que dans la réalité,
on ne le ressuscitera pas. Inhabile à travail-
ler le fer, il excellait à s'en servir pour atta-
quer, subjuguer, opprimer et voler ceux
qu'il visitait ou dont il devenait le voisin.
C'était sa manière de pratiquer l'échange.
Que les mœurs d'aujourd'hui sont différentes! et, pour nous borner à ce détail, ne
voit-on pas nos soldats, sur le champ de
bataille même, partager leur ration de toute
sorte et jusqu'à leur charpie avec l'ennemi
vaincu?

Héros de la guerre pour le mal, comme
nos soldats le sont pour le bien, comme vous
êtes les héros de la paix pour le bonheur
prochain du monde, ces Romains se pi-
quaient, en outre, d'être le peuple le plus
policé de la terre; et de fait, ils nous ont
laissé des écrits qui sont des chefs-d'œuvre
littéraires, car on les met entre les mains
de nos enfants, pour former, nourrir, orner
et polir leur esprit. Eh! bien, Messieurs,
croyez-vous qu'il ne serait pas plaisant d'en-

tendre les réflexions d'un de ces maîtres du
monde, si, rappelé brusquement à la vie, et
jeté aussitôt sur la plate-forme d'une loco-
motive, il se voyait emporté par la vapeur,
d'un bout de l'Europe à l'autre, tandis que
derrière lui, courrait la longue file des wa-
gons ? Certes, vous auriez bien vite un
monstre furieux et terrible, le plus terrible
des monstres enfantés par la peur, monstre
énorme, épouvantable, soufflant le feu et la
fumée, sifflant avec un bruit horrible; et
vous qui le domptez, vous seriez des héros
et des demi-dieux, comme les Hercule...
d'autrefois. Peut-être même seriez-vous des
dieux tout entiers, à moins que, suivant un
usage de l'antiquité, il ne réservât ce titre à
ceux de vos chefs qui sont aussi vos provi-
dences.

Si cependant revenu un peu de sa frayeur,
en commençant à s'apercevoir qu'il pourrait
bien être le jouet d'un merveilleux effet de
l'industrie humaine, son esprit devenait ca-
pable de saisir le spectacle qui se déroulerait
à sa vue; que de sujets d'étonnement, que
de merveilles attireraient son attention! Né-
gligeons, pour ne pas perdre trop de temps,
les surprises et les magnificences du paysage:
l'Italie secouant son linceul de ruines que du
moins il n'a pas faites; la Méditerranée aux

flots toujours bleus, dans les livres; ce Toulon qu'il n'a pas connu, et où s'assemblent nos vaisseaux, énormes galères à deux ou trois rangs.. de tubes métalliques dont il serait inutile de lui indiquer l'emploi; Marseille, la cité phocéenne plus peuplée que la Rome antique, plus commerçante que Tyr et Carthage ensemble, et où il aimerait à retrouver les fabriques de savon d'autrefois; Nîmes et ses arènes où les hommes ne s'égorgent plus pour le plaisir de leurs semblables; Toulouse qui a toujours de l'or, mais aussi des gendarmes. Nous lui montrerions en passant, cette ville féerique que le monstre enfanta sur les dunes de l'océan (1); cet océan lui-même dont les vagues terribles lui causaient tant de frayeur; ici même, entassés dans notre rade splendide, les navires qui tous les jours bravent ses flots, portant avec eux les produits inconnus de mondes plus inconnus encore. Jetons un voile sur le Médoc, de peur d'humilier trop fort le Cécube et le Falerne à jamais coulés dans la nuit des temps, ou réservés spécialement aux banquets de nos colléges, sans en excepter les établissements d'instruction libre. Aussi bien, la vapeur va vite, et voici déjà Paris:

(1) Arcachon.

Paris cette ville de boue que la Seine portait dans son lit, devenue depuis longtemps la ville des merveilles et le rendez-vous des nations ; Paris, débordant aujourd'hui la Seine, les campagnes voisines, et les collines elles-mêmes qui formaient alors son horizon lointain. Au-delà, l'activité empressée des populations, le bruit des métiers, la fumée des usines, lui révèleraient peut-être nos populations industrielles de l'Est. Puis il reverrait le Rhin que ses légions ne franchissaient pas impunément , et que nos régiments ont passé si souvent pour courir à la victoire. Au-delà, et à la place des sombres forêts, asyles des Barbares qui détruisirent son empire, il trouverait des campagnes fertiles, des cités innombrables, des peuples instruits et laborieux. Au-delà encore... Arrêtons-nous, Messieurs, il ne faut pas lui montrer les barbares de trop près.

Partout enfin, il verrait s'allonger et se croiser en tous sens, d'interminables bandes de fer parallèlement accouplées, et sur ces bandes de fer, des monstres semblables au sien dérouler à chaque instant leurs anneaux rapides. Il verrait les populations se presser à leurs abords, les flancs des monstres s'ouvrir pour les recevoir, se refermer pour se rouvrir plus loin, emportant et déversant tour-à-tour sur leur passage, mêlant et confondant les populations de tous les pays, et avec elles ou séparément les produits d'origine et de nature les plus diverses. — Voilà donc, dirait-il, l'usage que les hommes font du fer! — Le malheureux, s'il savait! Peut-être songerait-il à sa corne d'abondance; car c'est l'abondance ; mieux que cela, c'est le mouvement, c'est la vie, que vos locomotives promènent par le monde. La nature a semé la diversité partout : En Europe, les hommes blancs, en Afrique les hommes noirs, en Amérique les hommes rouges, en Chine les hommes jaunes; je ne parle pas des nuances intermédiaires, elles sont trop nombreuses. Presque partout elle a semé les choses nécessaires ou utiles à la vie; mais telle contrée possède ce qui manque à telle autre, qui a souvent besoin que celle-ci lui envoie ce qui lui fait défaut : beaucoup, en effet, ont leurs produits particuliers, et il n'en est guère du moins qui ne possède certains produits en plus grande quantité que d'autres, aucune qui ne soit exposée à des années de disette. Confinés chez eux, les hommes y vivraient de la vie qu'ils y trouveraient avec les moyens d'existence qui s'y rencontrent, avec les sensations et les idées qui s'y développent. Par vous, Messieurs, les nations

échangent leurs produits avec une rapidité
inconnue à nos devanciers. Répandus par
vous avec profusion, ces produits venus souvent des extrémités de la terre, chassent ai-
sément la disette du domaine qu'elle s'était
choisi. Poussés par leurs goûts, leur curio-
sité ou leurs intérêts, les hommes à leur
tour, vont chercher au loin de nouvelles
sensations et de nouvelles idées. Si l'existence matérielle s'accroît, l'existence morale
se multiplie. J'avais donc raison de le dire,
c'est l'abondance, c'est le mouvement, c'est
la vie que vos locomotives promènent par
le monde. Mais cette diversité si remarquable, en elle-même et dans ses effets, à quoi
tient-elle ? Aux climats surtout, pour les êtres
animés et pour les végétaux. Et les climats ?
à l'inégale répartition de la chaleur et de
l'humidité à la surface du globe. C'est de
cette répartition que je désirerais vous entretenir. Nous étudierons d'abord les causes,
puis nous passerons les faits principaux en
revue dans une course rapide autour du
globe, sans toutefois quitter notre hémisphère, et en réservant les détails à l'Europe continentale et, plus spécialement, à
la France.

I

La terre est une masse ronde. A cette proposition, depuis longtemps banale, notre Romain attesterait peut-être Jupiter (c'est l'usage), Jupiter le roi des dieux de cette époque, car à cette époque, les dieux avaient un roi. « Quoi ! la terre est ronde, dirait-il, où voyez-vous cela ? J'ai beau regarder autour de moi, ici et ailleurs, tout m'indique le contraire. Ce grand fleuve qui de mon temps se nommait la Garonne, descend évidemment une pente pour se rendre à la mer ; voulez-vous la remonter avec moi ? — Volontiers ; » et nous voici en route ; mon interlocuteur ne cessant de me faire remarquer que puisque la Garonne continue de venir par ici, il faut bien que nous continuions de monter par là. Les Pyrénées enfin se dressent devant nous, et finissent par nous barrer le passage. Le Romain me les montrant du doigt : « Qu'en dites-vous ? — Je dis que ces montagnes atteignent jusqu'à 4,000 mètres d'élévation, et qu'au-delà, vous trouveriez d'autres pentes en sens contraire, et d'autres fleuves s'épanchant dans des mers opposées. Je dis que si vous alliez vers l'Orient, vous trouveriez d'autres montagnes qui ont 4,800 mètres, puis d'autres qui en ont 6,000; puis d'autres encore qui en ont près de 10,000. »

Mon sang-froid l'étonne presque autant que mes 4,000 mètres ; et comme je ne parais pas convaincu, « retournons sur nos pas, me dit-il, et continuons nos observations. » Puis, au bout de quelque temps, voyez-vous à notre droite, cette rivière qui se jette dans la Garonne ? — oui, c'est l'Arriège; — et cette autre à gauche ? — C'est la Save ; — et encore à droite ? — C'est le Lers, puis le Tarn ; — et de nouveau à gauche ? — Oui, le Gers, et après celui-ci la Baïse, et ainsi de suite, jusqu'à la mer. — Outre la pente que nous descendons, il y a donc des pentes latérales à la Garonne? — C'est évident, et si vous remontez le cours d'une de ces rivières , vous verrez des ruisseaux s'écouler dans son sein, suivant d'autres pentes latérales, des rigoles aboutir pareillement aux ruisseaux, ainsi de suite, et pour ainsi dire à l'infini. Tout cet ensemble de pentes diverses dont les eaux se rendent au même fleuve et s'écoulent dans la mer, forme ce

que nous appelons un bassin de fleuve. Si
vous gravissez l'une ou l'autre des deux pentes
latérales du fleuve, vous trouverez d'autres
bassins de fleuve, comme au-delà des Pyrénées, vous rencontreriez d'autres versants
maritimes. La surface solide de la terre se
brise de la sorte, en une multitude de plans
inclinés dans toutes les directions, depuis
les flancs des plus hautes montagnes jusqu'à ces pentes presque insensibles, qu'ac-
cuse à peine le cours d'un mince filet d'eau.
Ces exhaussements du terrain peuvent bien
borner notre vue, mais ils n'empêchent pas
la terre d'être ronde, et je vais vous le prouver; veuillez à votre tour me suivre en pleine
mer. Soyez sans crainte, maître du monde,
l'océan est devenu notre serviteur. Très-
bien, nous y voilà : la mer à nos pieds, le
ciel sur nos têtes, et autour de nous une
vaste circonférence suivant laquelle les deux
éléments semblent se réunir et se confondre : c'est l'horizon. Eh ! bien, là en face de
nous, voyez-vous poindre à l'horizon quelque chose de blanc ? on dirait d'une voile.
Évidemment elle se rapproche. Par Hercule ! une seconde apparaît au-dessous,
mais plus grande ; au-dessous de celle-ci
et plus grande encore, en voici maintenant une troisième. Voici enfin la coque

du navire elle-même. Comment se fait-il que ces divers objets aient apparu successivement ? Serait-ce l'éloignement qui nous aurait empêché de les apercevoir tous en même temps ? Mais s'il en était ainsi, les plus grands se seraient montrés les premiers, et les plus petits en dernier lieu, chacun en raison de sa dimension. Pour que les plus petits, qui sont aussi les plus élevés, se soient montrés les premiers, il faut qu'une convexité de l'océan nous ait caché les autres, jusqu'au moment où la marche du navire les a fait surgir successivement au-dessus de cette convexité. En d'autres termes, il faut que la surface de l'océan se recourbe en ce point de l'horizon. Mais regardez à notre droite : encore une voile qui surgit, et au-dessous une seconde, puis une troisième, puis enfin la coque d'un navire ; une autre apparaît à notre gauche, une quatrième derrière nous, et toujours les différentes parties du navire se présentent dans le même ordre d'apparition. Il en serait de même sur tous les points de l'horizon ; de même à 200 lieues d'ici, de même en quelque endroit de la surface des mers que nous transportassions notre observatoire. Il faut donc en conclure que partout cette surface se recourbe, et

que partout elle s'arrondit, car partout
aussi l'horizon serait dessiné par une circonférence. Cela prouve-t-il que la terre est
ronde? A peu près. Les mers occupant près
des 3/4 de la surface terrestre, il nous suffira
pour le prouver entièrement, de rechercher
jusqu'à quel point les saillies que l'autre quart
présente au-dessus des eaux, peuvent alté-
rer la rondeur de l'ensemble, et comment
cette rondeur échappe à notre vue.

Prenons un globe artificiel et supposons-
lui un mètre de diamètre. Il est évident que
si nous allongeons ce diamètre, la courbe
représentant la circonférence de ce globe se
développera en proportion. Mais parce
qu'elle se développera, chacune des différentes parties ou arcs de cercle qui la com-
posent s'ouvrira de manière à se rapprocher
de plus en plus de la ligne droite. Le diamètre de la terre est d'environ 12,000,000
de mètres, c'est-à-dire 12,000,000 de fois
plus grand que celui de ce globe. Donnons
à celui-ci la longueur du premier, et con-
sidérons pendant l'opération, un des deux
demi-cercles qu'il soutend. Le diamètre en
s'allongeant poussera en dehors les deux
branches du demi-cercle, tandis que le sommet ne s'élèvera que de 6,000,000 de mètres,
moins un demi-mètre. Donc, la courbure

diminuera à mesure que l'écartement augmentera. Quand le diamètre aura atteint la longueur voulue, la circonférence, aussi loin que nos regards pourront porter, se confondra pour nous avec la ligne droite, et voilà pourquoi la rondeur de la terre échappe à notre vue.

Ramenons maintenant les dimensions du globe terrestre à celles de ce globe artificiel, et plaçons au bout d'un de ses diamètres, une montagne de 6,000 mètres d'élévation, c'est-à-dire, une des fortes saillies que présente la surface de la terre. Précisément j'en ai une là, dans ma poche ; je vous la montrerai tout à l'heure. Pour ramener le diamètre de la terre à la dimension du diamètre de ce globe, nous devrons le rendre 12,000,000 de fois plus petit ; mais ma montagne de 6,000 mètres représentant 6,000,000 de millimètres, va se trouver réduite du coup à un demi-millimètre d'altitude. La voici donc, et ramenée aux proportions voulues. Fixons-la sur ce globe avec un pain à cacheter. Ce pain à cacheter représentant, avec un peu d'exagération l'exhaussement moyen des terres au-dessus de l'océan, et ce grain de sable d'un demi-millimètre d'épaisseur, une des hautes montagnes du globe terrestre, il vous est facile d'apprécier

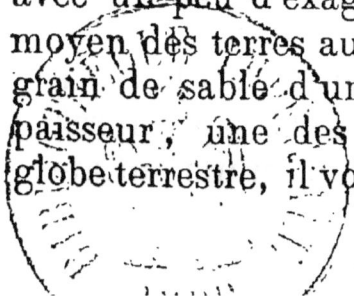

l'altération que des aspérités de cette nature apportent à la rondeur de la terre. »

Messieurs, notre Romain s'endort. Tant mieux. J'ai à vous parler de choses qu'il ne comprendrait probablement pas, car il n'a pas assisté à la dernière conférence. Je n'ai garde, vous le devinez sans peine, de vouloir revenir sur ce qui a été traité devant vous avec cette autorité que la science donne. Qu'il me soit permis seulement de toucher, pour les besoins de cette causerie, à quelques-uns des points déjà effleurés. On vous a montré la réalité par la réalité ; je me servirai des apparences : les conséquences à tirer étant exactement les mêmes.

L'année dans nos climats se divise en quatre saisons : le printemps, l'été, l'automne et l'hiver. Le printemps commence quand les jours et les nuits étant d'égale longueur, la durée du jour va dépasser celle de la nuit, à l'équinoxe du printemps, soit le 21 mars ; l'été au moment où les jours ont atteint leur plus grande longueur, soit le 21 juin ; l'automne, quand les jours et les nuits étant redevenus égaux, la durée des nuits va dépasser celle des jours, à l'équinoxe d'automne, soit le 23 septembre ; enfin l'hiver arrive quand les nuits ont at-

teint leur plus grande longueur, au solstice
d'hiver, soit le 22 décembre. Mais certaines
contrées n'ont que deux saisons : l'hiver et
l'été, hiver long et rigoureux, été court et
néanmoins très-chaud ; d'autres n'en ont
qu'une, l'été comprenant une période de
sécheresse et une période de pluies ; le
même jour n'a pas la même longueur partout : à Lille, il est plus long qu'à Marseille pendant l'été, d'égale durée à l'automne et au printemps, plus court pendant
l'hiver. Quelques explications donneront la
raison de tous ces faits.

Messieurs, il en est assurément beaucoup
parmi vous à qui il est arrivé fréquemment,
comme à moi, de se lever d'assez bon ma-
tin pour vo: le soleil paraître à l'horizon ;
beaucoup au si ont assez vécu à la campa-
gne pour observer la position et la marche
de cet astre dans le ciel, à différentes épo-
ques de l'année. Si à l'équinoxe du printemps, par exemple, de l'arc de cercle qu'il
décrit sur la voûte céleste, on mène un plan
perpendiculaire à l'axe de la terre, ce plan
décrira sur la surface terrestre un cercle
dont tous les points seront à égale distance
des deux pôles. Ce cercle partagera donc le
globe en deux parties ou demi-sphères égales, l'une au nord, l'autre au midi, hé-

misphère boréal, hémisphère austral. Les
géographes donnent à ce cercle le nom
d'équateur terrestre, ou simplement équateur. Le soleil éclaire en tout temps une
moitié du globe, mais, à ce moment, cette
moitié s'étend d'un pôle à l'autre, de telle

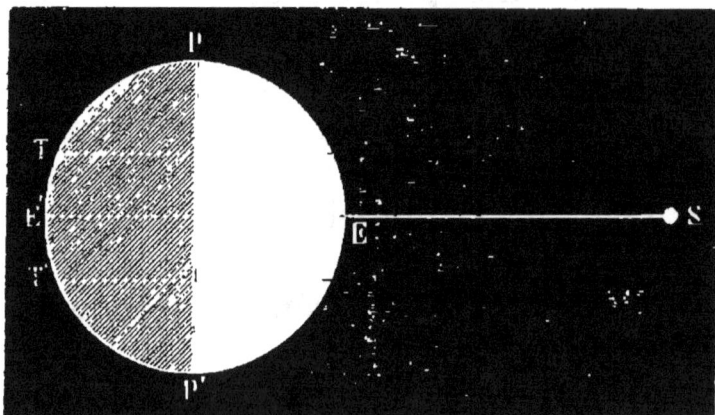

Fig. 1.

sorte qu'il n'est pas un point de la surface
terrestre qui, dans ces limites, ne reste, au
moins un jour, 12 heures dans l'ombre, et
12 heures dans la lumière ; en conséquence
la durée des jours y est partout égale à celle
des nuits ; c'est ce que signifie le mot équinoxe.

Mais à mesure que l'été approche, les
arcs décrits par le soleil s'élèvent vers le
nord, en se rapprochant de nous. Sa lumière, par conséquent, déborde de plus en

plus le pôle nord ; en même temps l'ombre
déborde le pôle sud en sens contraire et

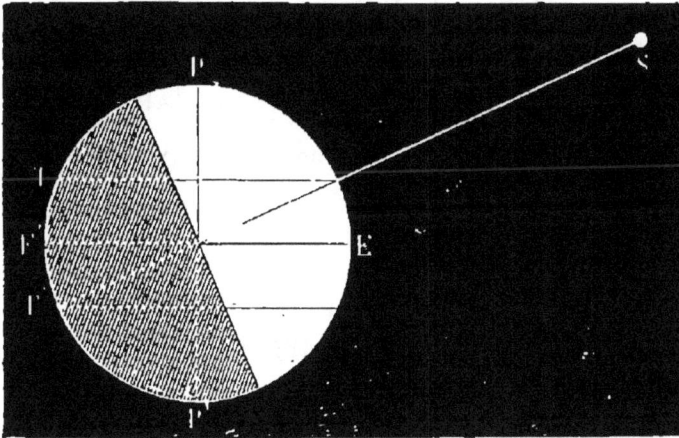

Fig. 2.

d'une quantité égale. Il en est ainsi jusqu'au
solstice d'été. Ce nom de solstice signifie
que le soleil s'arrête. Il s'arrête en effet dans
sa marche vers le nord, et durant quelques
jours, il semble tracer le même arc de cercle dans le ciel.

Or, pendant que le cercle formé par le
contact de l'ombre et de la lumière, fait
ainsi la bascule des deux côtés de l'équateur auquel il semble attaché comme par
une charnière, des changements remarquables s'opèrent dans la durée relative des
jours et des nuits, excepté à l'équateur. Le
pôle nord, en effet, a cessé d'être plongé dans
l'ombre, et la lumière a cessé d'atteindre le

pôle opposé. Pour le premier, le jour ne finit pas; pour le second, la nuit continue. Si
l'on trace dans les deux hémisphères des
cercles parallèles à l'équateur, c'est-à-dire,
dans le sens des arcs apparents que le soleil décrit, on verra que pour chacun de
ces cercles, la partie éclairée, comprenant
toujours la moitié du cercle à l'équateur,
augmente de manière à finir par com-
prendre le cercle entier, en allant vers le
pôle nord, et diminue dans la même proportion en allant vers le pôle sud. Donc la
durée du jour restant la même à l'équateur, augmentera dans le premier sens et
diminuera dans le second. Donc le même
jour sera plus long à Marseille qu'à l'équateur, plus long à Lille qu'à Marseille, etc.
Mais comme la lumière du soleil, à mesure
qu'il s'élève vers le nord envahit de plus en
plus les cercles situés de ce côté de l'équateur, et se retire dans la même proportion
des cercles situés au sud, il s'ensuit que les
jours croissent dans notre hémisphère et
diminuent dans l'hémisphère austral depuis
notre équinoxe de printemps jusqu'à notre
solstice d'été, qui deviennent ainsi l'équinoxe d'automne et le solstice d'hiver des
pays situés au sud de l'équateur.

Quelques jours après notre solstice d'été,

les arcs de cercle décrits par le soleil re-
commencent à se déplacer pour s'éloigner
cette fois dans la direction du sud. Dès lors
l'ombre se rapprochant du pôle nord, et la
lumière du pôle opposé, dans l'hémisphère
boréal les jours diminuent; ils augmentent
dans l'hémisphère austral. Quand le soleil
est revenu à l'équateur, le cercle d'ombre et
de lumière s'étendant de nouveau d'un pôle
à l'autre, les jours et les nuits redeviennent
égaux, mais dans notre hémisphère, nous
sommes à l'équinoxe d'automne, et dans
l'autre hémisphère on est arrivé à l'équinoxe du printemps.

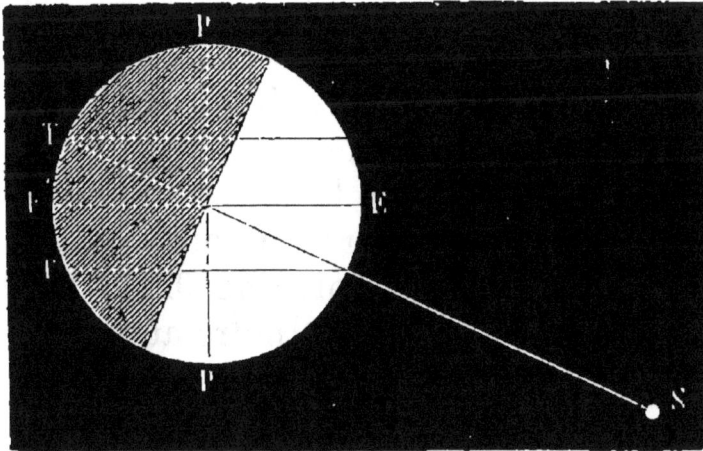

Fig. 3.

Le soleil dépassant l'équateur , vers le
sud , notre pôle se plonge progressivement

dans l'ombre, tandis que l'autre est de plus en plus débordé par la lumière. Chez nous la durée des nuits dépasse de plus en plus celle des jours; dans l'hémisphère austral, c'est le contraire. Cela dure ainsi jusqu'à notre solstice d'hiver qui est le solstice d'été de l'autre hémisphère. A ce moment le soleil semble s'arrêter de nouveau, puis il reprend sa marche vers le nord, arrive encore à l'équateur, et la même succession de phénomènes se reproduit.

Vous savez parfaitement que tous ces mouvements du soleil ne sont qu'apparents. En réalité, c'est la terre qui, opérant sa révolution annuelle autour de cet astre, lui présente progressivement et successivement chacun de ses deux pôles.

Mais l'ordre des saisons étant ainsi interverti pour les deux hémisphères, il se trouve que par suite de la forme allongée de la courbe que la terre parcourt, notre printemps dure un peu plus de 92 jours, notre été un peu plus de 93, notre automne un peu plus de 89, et notre hiver 89. Nous sommes donc déjà sous ce rapport, un peu mieux partagés que les habitants de l'hémisphère austral dans la répartition de la chaleur solaire.

Le soleil en effet darde à la fois sur nous

sa lumière et sa chaleur. Mais ici la question se complique un peu. Et d'abord, supposons deux cercles représentant la marche du soleil dans le ciel, l'un au solstice d'été, l'autre au solstice d'hiver. Tous les deux seront à égale distance de l'équateur, l'un au nord, l'autre au midi. Le premier rencontrant la constellation du Cancer, nous l'appellerons tropique du Cancer, et le second passant par la constellation du Capricorne, s'appellera tropique du capricorne. Le mot tropique vient d'un mot grec qui veut dire tourner. Reproduits sur un globe artificiel, ces deux cercles y déterminent une bande ou zone de la surface terrestre sur laquelle le soleil promène pendant toute l'année des rayons dont la direction s'éloigne fort peu de la verticale. Dans ces régions on a fort peu d'ombre à midi, et même en certains endroits où le soleil frappe d'aplomb, on n'en a pas du tout. Pays privilégiés, n'est-ce pas, où chacun peut prendre place au soleil, avec la certitude de ne porter ombrage à personne! Mais il faut arriver à l'heure : midi précis.

Des deux côtés de cette zone, au contraire, l'obliquité des rayons solaires augmente rapidement à mesure qu'on se rapproche du pôle, au point que dans les régions polaires, leur direction devient presque parallèle au plan de l'horizon.

Or, vous savez, Messieurs, que plus les rayons du soleil frappent d'aplomb, plus ils échauffent la surface frappée par eux, car plus grand est le nombre des rayons concentrés sur cette surface, tandis que s'ils arrivent obliquement, ils s'éparpillent en raison de leur obliquité, échauffent moins, d'autant moins qu'ils s'éparpillent davantage, au point de n'échauffer pour ainsi dire plus du tout, dès qu'ils en viennent à raser le sol, pour aller se perdre dans l'espace.

La plus grande masse de chaleur se concentrera donc dans cette zone que les anciens nommaient torride, c'est-à-dire, brûlante, comme la plus grande masse de froid dans ces régions polaires que couronnent deux calottes de glaces éternelles. Ce n'est pas tout, et nous pourrions bien être amenés à modifier un peu cette assertion.

Dans les régions équatoriales où l'obliquité des rayons solaires n'est jamais considérable, il n'y a à proprement parler qu'un été.

Dans les régions polaires où l'obliquité est toujours très-prononcée, n'y aura-t-il aussi qu'une saison, c'est-à-dire, un hiver

perpétuel ? Non, et voici pourquoi : plus
le soleil reste de temps au-dessus de l'horizon, plus la chaleur qu'il envoie à la terre
s'accumule à la surface du sol. Or pendant
l'été, la durée des jours augmente en allant
de l'équateur aux pôles, c'est-à-dire dans le
même sens que l'obliquité des rayons solaires; cette circonstance viendra donc cor-
riger la différence que cette obliquité ten-
drait à établir entre les étés des lieux situés
à des distances différentes de l'équateur. La
longueur des nuits d'hiver favorisant au
contraire, et pour le même motif, l'effet de
l'obliquité, il s'ensuit : 1° que la chaleur de
l'été varie moins que le froid de l'hiver suivant les distances à l'équateur; 2° que le
même point du globe pourra avoir des
hivers très-rigoureux et des étés très-
chauds; 3° que l'hiver s'allonge en augmentant d'intensité, en même temps que
l'été se raccourcit sans cesser souvent d'être
brûlant, à mesure qu'on se rapproche des
régions polaires. C'est pourquoi ces régions
où l'obliquité est toujours si considérable,
mais où le soleil tourne des mois entiers
autour de l'horizon ont-elles deux saisons :
un hiver très-long et d'une rigueur insup-
portable avec un été très-court mais d'une
ardeur si intense qu'il pourrait bien avoir

contribué à percer à leurs sommets les deux
calottes de glaces que je vous signalais tout
à l'heure. Aux régions, où l'obliquité des
rayons solaires varie d'une manière assez
sensible durant le cours de l'année, aux régions intermédiaires seules les saisons intermédiaires, à elles l'automne et le printemps.

Cependant, les lois qui président à la
distribution de la chaleur sur la surface du
globe ne sont pas encore aussi simples
que cela. Diverses circonstances concou-
rent à les modifier. Ces causes perturba-
trices dérivent toutes, soit de l'atmosphère,
soit du voisinage des mers, soit des inéga-
lités et autres accidents du sol. Mais avant
d'aborder cette partie de la question, veuillez
me permettre de vous rappeler en deux
mots comment on mesure la chaleur et
comment on fixe la position des lieux à la
surface du globe.

On mesure la chaleur au moyen d'un petit
instrument appelé pour cela thermomètre. Il
consiste en un tube de verre renflé et fermé
dès le principe à l'une de ses extrémités. Par
l'autre extrémité restée ouverte, on intro-
duit du mercure ou de l'esprit-de-vin coloré
en rouge; puis on la ferme pareillement
après avoir chassé du tube l'air qui s'y trou-
vait. La chaleur ayant la propriété de dilater

les corps, et le froid la propriété contraire, comme les molécules du mercure ou de l'esprit-de-vin sont extrêmement mobiles, il suffit de plonger l'extrémité renflée dans un bain de glace pour voir la colonne liquide diminuer, descendre et s'arrêter en un point que l'on marque 0. On la plonge ensuite dans la vapeur d'eau bouillante, et la colonne s'allongeant dans le tube s'élève jusqu'à un autre point que l'on marque du chiffre 100. On divise l'intervalle en 100 parties égales ou degrés que l'on numérote 1, 2, 3., ainsi de suite jusqu'à 100. On les subdivise en dixièmes, et ces divisions étant ainsi marquées et numérotées sur une planchette à laquelle on adapte le thermomètre, la colonne de mercure ou d'esprit-de-vin en passant par chacune d'elles, nous donne toutes les températures comprises entre celle de la glace fondante et celle de l'eau bouillante. Pour les exprimer on dit que le thermomètre marque 1, 2, 3... 10.. 15 degrés au-dessus de 0. On pratique des divisions semblables au-dessous de cette limite inférieure, pour marquer les températures plus froides ou plus basses et l'on a 1, 2, 3, degrés au-dessous de 0, que l'on écrit ainsi — 1°, — 2°, — 3°...

Veuillez maintenant, Messieurs, porter

2.

votre attention sur ce globe. Il a la prétention de représenter assez exactement la
terre ; et cette fois, la prétention est assez
justifiée. Mais, me direz-vous, comment
a-t-on pu arriver à tracer sur cette boule si
petite la représentation exacte d'un corps
immense dont l'œil ne découvre à la fois
qu'une partie infiniment minime? Ce n'est

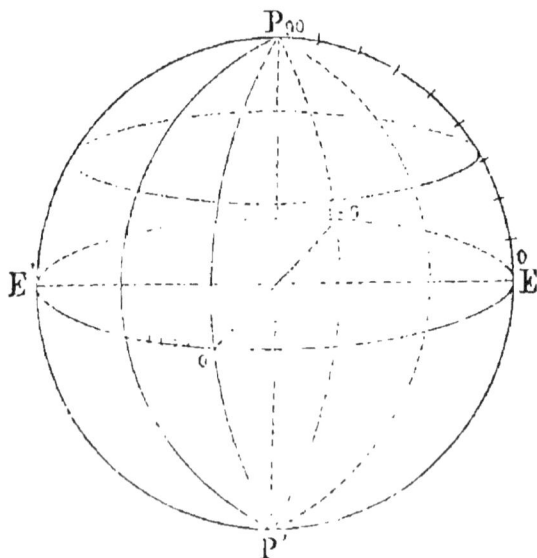

Fig. 4.

pas bien difficile. On trace l'équateur, à
égale distance des deux pôles. Le voilà. On
le divise en 360 parties que l'on appelle
aussi degrés. Par chacun des points de division on fait passer un cercle passant égale-

ment par les deux pôles, et l'on obtient ainsi 360 moitiés de cercles s'étendant d'un pôle à l'autre, auxquelles on donne le nom de méridiens parce que tous les lieux situés sous le même demi-cercle ont midi à la même heure. On choisit un de ces méridiens, celui par exemple, qui passe par l'observatoire de Paris, et à son point d'intersection avec l'équateur on marque 0. Le point d'intersection du méridien opposé, c'est-à-dire, de celui qui complète le cercle, porte le chiffre 180. A l'ouest du méridien 0 ou de Paris, on marque par tous les points d'intersection des méridiens avec l'équateur, 179 numéros d'ordre : 1, 2, 3,... ; on procède de même à l'est, et l'on compte ainsi : 1°, 2°, 3°... 179° à l'O. ; 1°, 2°, 3°... 179° à l'E.; plus 0° pour le méridien de Paris et 180° pour le méridien opposé. Ces degrés sont dits de longitude et servent à indiquer la distance en degrés d'un lieu situé sous un de ces méridiens au méridien de convention, mesurée sur l'équateur ou sur un cercle parallèle à l'équateur et passant par ce lieu. Mais comme il y a sur ce parallèle une foule de points intermédiaires dont il peut être nécessaire de relever la position, on divise chaque degré en 60 minutes, chaque minute en 60 secondes susceptibles elles-mêmes d'être

subdivisées si cela devient nécessaire. Ces
divisions étant marquées sur l'équateur et
mesurées au moyen du méridien que l'on
peut faire passer par le lieu dont on cherche
la position, ou comptées sur un cercle parallèle à l'équateur et passant par ce lieu,
on dit que Bordeaux est à 2° 55' de longitude O., que Strasbourg est à 5° 25' de
longitude E. Ce n'est pas assez, car ces
chiffres conviennent à tous les points d'un
même méridien; mais si nous disons à quel
hémisphère ils appartiennent et à quelle
distance ils sont de l'équateur, nous aurons
parfaitement déterminé leur position sur le
globe. C'est pourquoi on pratique sur un
de ces méridiens des divisions semblables à
celles de l'équateur. Mais un méridien n'é-
tant qu'un demi-cercle au lieu de 360 degrés
nous n'en avons que 180, dits degrés de
latitude, 90 au nord et 90 au sud de l'équateur. Par chacun des points de division en
degrés, on fait passer un cercle parallèle à
l'équateur rencontrant tous les lieux d'un
même hémisphère dont la distance à l'é-
quateur est celle marquée par le chiffre
correspondant du méridien numéroté, et l'on
dit : Bordeaux est à 2° 55' de long. O., et à
44° 50' de lat. N. Strasbourg est à 5° 25 de
long. E, et à 48° 35' de lat. N. ce qui

suffit pour marquer exactement leur position sur un globe artificiel ainsi préparé. Mais direz-vous encore, ces divisions n'existent pas dans la nature, comment donc établir d'abord la longitude et la latitude d'un lieu pour les reporter ensuite sur un globe artificiel. Rassurez-vous, Messieurs, ceci est l'affaire des astronomes. La nature les leur donne ; ils savent parfaitement les trouver et ils les déterminent avec une admirable précision.

Si donc il est possible de relever la longitude et la latitude de tous les points de la surface terrestre et de les reporter exactement à leur place respective sur un globe artificiel comme celui-ci, il sera possible d'y reproduire la figure exacte de l'ensemble. Les sciences mathématiques nous fournissant des procédés pour transporter ce dessin sur des surfaces planes, on pourra supposer le globe artificiel coupé en deux moitiés par un plan passant par les deux pôles, et les dessiner à côté l'une de l'autre de manière à en former une mappemonde comme celle-ci. De cette mappemonde on pourra détacher une contrée, l'Europe, par exemple et la dessiner séparément, en lui donnant tout le développement désirable, de manière à en former une carte d'Europe comme celle-ci. Dans la carte d'Europe on pourra prendre la France et en faire pareillement une carte de France, ainsi de suite.

Veuillez, pour le moment, fixer votre attention sur cette mappemonde. L'Océan, vous le voyez, occupe près des trois quarts de la surface du globe, et les terres se montrent principalement dans l'hémisphère boréal. Parmi toutes ces terres qui surgissent ainsi du sein des eaux, deux masses beaucoup plus grandes que les autres portent le nom de continents, les autres sont des îles. Des deux continents l'un est dit ancien continent et comprend l'Europe l'Asie et l'Afrique; l'autre est le nouveau continent ou nouveau monde et se compose des deux Amériques. Entre les côtes occidentales de l'ancien continent et les côtes orientales du nouveau, l'océan prend le nom d'océan Atlantique et pousse d'une part au milieu des terres de l'ancien continent une mer intérieure dite mer Méditerranée; d'autre part entre les deux Amériques, une autre mer intérieure dite mer des Antilles et golfe du Mexique. Entre les côtes occidentales du nouveau monde et les côtes orientales de l'ancien, l'océan prend les noms de Grand Océan, Océan Pacifique ou mer du Sud. On y rencontre le Monde Océanique ou Océanie, avec l'Australie ou Nouveau Monde. Dans les régions polaires, l'océan porte le nom d'Océan Glacial.

Autre chose : j'emploierai souvent l'expression de température moyenne. Cette expression destinée à désigner soit la moyenne des températures de l'année, soit la moyenne des températures d'une saison, n'a, vous le comprenez, de valeur que comme terme de comparaison. Le thermomètre en effet peut, dans le courant d'une année, comme dans le courant d'une saison, monter beaucoup plus haut ou tomber beaucoup plus bas que la moyenne. Ainsi quand nous dirons qu'à Bordeaux la température moyenne de l'hiver est de 5° au-dessus de 0, cela ne signifiera pas que le thermomètre n'y tombe pas tous les ans au-dessous de 0; si nous disons que la température moyenne de l'été est de 21°, il n'en est pas moins vrai que le thermomètre y dépasse tous les ans, le 30° degré au-dessus de 0.

Or, la température moyenne de l'année étant à l'équateur de 27 à 28°, et au cap Nord en Laponie, par 71° 10' de latitude septentrionale de 0 degré, il se trouve que sur les côtes orientales de l'Amérique du Nord par 57° 8' de latitude, cette température moyenne est déjà de 3° au-dessous de zéro. Dans l'île Melville, au nord de l'Amérique, par 74° 45', on rencontre une température moyenne de — 18° 5, tandis que près des côtes orientales du Groënland, en mer, entre l'Europe et l'Amérique, et par 78°, la moyenne est de — 8 à 9°; quant à l'hémisphère austral, le cap de Bonne-Espérance au sud de l'Afrique est soumis à une température de 3 degrés plus basse que la moyenne des lieux situés à la même latitude dans l'hémisphère nord. Ce n'est pas tout. Non-seulement la température s'élève à latitude égale de la côte orientale d'Amérique à la côte occidentale de l'ancien continent, mais encore la différence entre la température de l'hiver et celle de l'été est de beaucoup plus considérable sur la première côte que sur la seconde. Ainsi à Québec, par 46° 47' de latitude septentrionale, la température moyenne de l'année étant de 5° 6, au-dessus de 0, la différence entre celle de l'hiver et celle de l'été est de 29° 9, tandis qu'à Nantes par 47° 13', la moyenne annuelle est de 12° 6 et la différence entre l'hiver et l'été de 12° 4'; à New-York par 40° 40' de latitude septentrionale, la moyenne annuelle est de 12° 1, la différence entre l'hiver et l'été de 27° 4; à Naples, par 40° 50', moyenne annuelle :

niveau de la mer, comme à Quito, pour les rencontrer, tandis que vers les pôles, la mer elle-même les supporte. Quelques exemples vous donneront une idée de cette progression dans notre hémisphère. Les neiges éternelles se montrent :

A Quito, sous l'équateur, à 4818 mètres d'altitude ;

Au Mexique, par 19°, à 4500 mètres ;

En Espagne, dans la Sierra-Nevada, par 37° 10', à 3410 mètres ;

Aux Pyrénées, par 42°, à 2728 mètres ;

Aux Alpes, par 45°, à 2708 mètres ;

Dans l'Oural septentrional, par 59° 40', à 1460 mètres ;

En Norwége, par 70° à 1072 mètres.

Vous comprenez qu'il ne faudrait pas tirer de ces chiffres des conséquences trop absolues. D'autres causes peuvent venir modifier cette progression suivant les localités : l'exposition, par exemple. Ainsi dans nos contrées, les neiges commencent en général sur le versant septentrional des montagnes plutôt que sur le versant méridional. L'exposition la plus froide est ordinairement celle du N. E. Dans tous les cas, l'élévation d'une contrée au-dessus du niveau de la mer étant une cause de refroidissement proportionnel à cette élévation,

ce refroidissement varie suivant l'exposition du pays, à cause de la direction des
rayons solaires qui le frappent, et du temps
pendant lequel il en est frappé. Les exposi-
tions les plus chaudes seront donc, pour
nos climats, celles du sud et du sud-ouest.
Ce n'est pas tout.

L'air atmosphérique, étant susceptible de
s'échauffer et de se refroidir, il suffira qu'une
colonne d'air se trouve mise en contact avec
une surface accidentellement échauffée pour
que sa température s'élève aussitôt, et en
contact avec une surface accidentellement
refroidie pour que cette température s'a-
baisse. Dans le premier cas, l'air se dilatera
et sa densité diminuera ; dans le second cas,
il se resserrera et sa densité augmentera.
Mais dans l'une et dans l'autre occurrence,
l'air froid pesant davantage et latéralement
sur l'air chaud, celui-ci s'élèvera dans les
régions supérieures de l'atmosphère, pendant que l'air froid des couches inférieures
viendra le remplacer. Ces mouvements atmosphériques déterminent les vents. L'air se
rafraîchissant au contact des surfaces froides,
s'échauffant au contact des surfaces chaudes,
transporte donc dans les pays exposés à son
souffle, le froid ou la chaleur qui lui sont
propres, ou qu'il ramasse en passant. Ainsi le

id des montagnes se communique aux ré-
ons basses que balaient les vents partis de
urs sommets, et la bise des Alpes, pro-
ène son souffle glacé sur les terres brûlées
la Provence. Ainsi les sables brûlants
l'Afrique envoient, même par-dessus les
ux rafraîchissantes de la Méditerranée,
s bouffées ardentes sur toutes les côtes
e baigne cette mer. En général, dans
n et dans l'autre hémisphère, les vents
i viennent du pôle sont des vents froids,
ux qui soufflent des régions équatoriales
nt des vents chauds. Chez nous, et pour
s causes dont il sera parlé tout à l'heure,
vents de l'est tiennent des premiers et
vents de l'ouest tiennent des seconds.

La violence des vents s'évalue par leur
tesse, et cette vitesse se mesure au moyen
instruments dits anémomètres, de deux
ots grecs qui signifient mesure du vent.
s instruments opèrent ordinairement par
pression que l'air exerce sur un ressort
sur les ailes d'un petit moulin. Zéphyr
ec une vitesse de 4 mètres par seconde,
ise à 5 mètres, le vent est fort ou frais à
mètres, très-fort ou très-grand frais à 20.
u-dessus de 30, c'est l'ouragan qui, à 45
ètres par seconde, déracine les arbres et
nverse les maisons, comme aux Antilles.

Les vents portent communément le nom
du point de l'horizon d'où ils soufflent. Pour
trouver leur direction, on se sert de gi-
rouettes. Je n'ai pas besoin de vous les dé-
crire : on en voit partout! Et elles sont
d'autant plus apparentes, qu'elles occupent
habituellement des positions assez élevées.

De tous ces courants atmosphériques, les
uns sont réguliers, périodiques ou constants,
les autres varient suivant les lieux et les
circonstances accidentelles qui les produisent. Parmi les premiers, il nous suffira de
citer : 1° Dans les régions tropicales, les
vents alizés qui soufflent en mer du N. E.,
pour l'hémisphère boréal, et du S. E. pour
l'hémisphère austral ; 2° les moussons de
l'océan Indien soufflant six mois dans la
direction du S. O. et six mois dans la direction du N. E. ; 3° les vents étésiens (ce
mot veut dire saison) qui des Alpes glacées
s'élancent sur la surface relativement échauffée de la Méditerranée ; 4° les brises de mer
qui s'élèvent sur les côtes après le lever du
soleil, et les brises de terre qui leur suc-
cèdent après son coucher.

En général, la constance et la régularité des vents augmentent à mesure qu'on
se rapproche de la zone torride. Les vents
irréguliers et variables commencent avec

s zones tempérées et leur inconstance crois-
nt à mesure qu'on se rapproche des ré-
ons polaires, cette inconstance devient
xtrême dans ces dernières contrées. Ceux-
 méritent particulièrement notre atten-
on. Remarquons d'abord que, malgré cette
régularité, les vents d'O. dominent sur
s côtes de nos zones tempérées que baigne
Océan atlantique. Dans l'Amérique septen-
ionale, les vents du S. O. l'emportent pen-
ant l'été, ceux du N. O. pendant l'hiver.
n Europe les vents soufflent généralement
u S. O. pendant l'hiver, tournent à l'O. et
u N. pendant l'été, mais au printemps les
ents d'E. sont fréquents et en automne les
ents du S.

Voici d'après Kœmtz à qui j'emprunte
uelques-uns de ces détails un tableau, des
ents qui règnent en Europe suivant leur
rdre d'importance :

ngleterre : S. O.; O.; N. O.; N. E.; S. E.;
    N.; S. E.

rance et Pays-Bas : S. O.; O.; N. E.; N.;
    S.; N. O.; E.; S. E.

llemagne : O.; S. O.; N. O.; E.; N. E.;
    S.; S. E.; N.

Danemark : S. O.; O.; N. O.; S. E.; E.;
    N. E.; S.; N.

Suède : S. O.; O.; S.; S. E.; N. O.; N. E.;
N.; E.

Russie { N. O.; N. E.; O.; S. O.; S. E.;
Hongrie {   N.; S.; E.

L'irrégularité des vents dépend de circonstances multiples qui ne se produisent
guère que dans les zones froides ou tempérées et plus souvent dans les premières que
dans les secondes. Presque toutes échap-
pent à nos prévisions, du moins, à long
terme. Il y a de quoi contrarier certains
prophètes, mais il en est ainsi, et nous
n'y pouvons rien. Toutes ces circonstances
d'ailleurs ont pour effet des variations
locales et relatives dans la température de
l'air. Ici, par exemple, les nuages viendront intercepter les rayons solaires ou
concentrer leur chaleur à la surface de la
terre, tandis que non loin de là, la sérénité
du ciel permettra à ces rayons d'arriver
librement au sol, ou à la chaleur amassée
de rayonner facilement, la nuit, vers les
espaces planétaires. La pluie, la neige, la
gelée sont autant de causes de refroidissement local variant seulement d'intensité, et
par conséquent de causes accidentelles ve-
vant troubler l'équilibre de l'air. Les montagnes en conservant la neige à leurs som-

mets, les terrains marécageux et les forêts
en conservant l'humidité, les terrains sa-
blonneux en s'échauffant davantage et en
séchant plus vite, ajoutent à la durée
et à l'intensité du phénomène. Mais les
vapeurs qui forment les nuages, mais la
pluie, mais la neige, mais la gelée, d'où
viennent-elles et quels sont les agents qui
nous les apportent? Tout cela, Messieurs,
vous le savez déjà, tire son origine des eaux
répandues à la surface du globe. Les rayons
solaires et les vents chauds, en passant, dégagent de l'eau une quantité de vapeur en
rapport avec leur force calorifique. L'air
permet à cette vapeur de s'élever dans
l'atmosphère et de s'y condenser dès qu'elle
arrive à des couches atmosphériques suffisamment froides. Cette condensation produit les nuages formés d'une grande quantité de gouttelettes qui tombent incessam-
ment pour remonter vers le nuage dès
qu'elles sont arrivées à des couches assez
chaudes pour les vaporiser de nouveau, jusqu'à ce que quelques-unes grossies par d'autres, en parvenant jusqu'au sol rafraîchissent
l'air de manière à diminuer l'évaporation.
Alors l'averse ou la pluie se déclare. Si les
régions de l'air dans lesquelles la condensation s'opère sont très-froides, ce n'est plus de

la pluie, c'est de la neige qui survient. Si la
vapeur est répandue jusque dans les couches
inférieures de l'atmosphère, ce qui arrive
quand la chaleur est assez forte pour produire une évaporation abondante, et si en
même temps le rayonnement nocturne re-
froidit suffisamment le sol, ce qui, dans nos
climats, arrive, avons-nous dit, en automne
et au printemps, et dans les régions tropicales
toute l'année, la condensation s'opèrera également à la surface du sol et produira la rosée ; la quantité de rosée sera donc en raison
inverse de la latitude. Si le refroidissement
nocturne est assez prononcé, la rosée se
changera en gelée blanche. Si la température
des couches inférieures de l'air descend au-
dessous de zéro, les eaux elles-mêmes se
prendront et donneront naissance à une
couche de glace dont l'épaisseur variera
suivant le froid et quelques autres circonstances.

La quantité de pluie qui tombe dans l'année
augmente comme la chaleur et la constance
des vents en allant vers l'équateur, mais le
nombre de jours pluvieux comme le froid et
l'irrégularité des vents en allant de l'équateur aux pôles. Dans la zone des tropiques
on ne connaît du reste qu'un été perpétuel
divisé en deux périodes : saison sèche cor-

respondant à l'hiver astronomique et saison
des pluies ou hivernage correspondant à
l'été. La quantité énorme de pluie qui tombe
dans cette zone paraît due non-seulement à
l'évaporation extraordinaire que produit une
chaleur intense quand le soleil envoie ses
rayons verticalement, mais encore à une
combinaison de l'hydrogène et de l'oxygène
de l'air due à l'action de l'électricité qui
abonde à l'équateur, qui est moindre dans
les régions tempérées et dont on trouve à
peine trace dans les régions polaires. Ces
décharges électriques, cette combinaison des
gaz aériens, la quantité de pluie qui tombe
à la fois déterminent des vides considérables
dans l'air, et par conséquent, des courants
atmosphériques d'une violence extrême (1).
Aussi la zone torride est-elle le théâtre des
ouragans les plus terribles. En général, les
vents chauds amènent la pluie; dans l'Europe occidentale ce sont ordinairement les
vents d'O. et du S. O.; dans le reste de l'Europe, il n'en est pas de même partout.
Le voisinage des montagnes et celui de la
mer influent naturellement sur cette direction. Les montagnes attirent les vapeurs;
elles en dégagent aussi beaucoup, quand

(1) Cortambert, Géographie universelle de Malte-
Brun.

3.

elles sont couvertes de forêts ou de neiges,
et comme ces vapeurs se condensent au
contact de leurs sommets ou de leurs flancs
refroidis, il pleut ordinairement dans les
montagnes plus que dans les plaines voisines. Mais, en réalité, ce sont les mers qui
alimentent les nuages, et si les vents ne
transportaient au loin les vapeurs que la
chaleur enlève à leur surface, il ne pleuvrait
pour ainsi dire jamais dans l'intérieur des
continents.

Les mers et les montagnes exercent donc
une influence très-grande sur l'humidité et
sur la température des pays voisins. Les
chaînes de montagnes en abritant une contrée contre les vents froids contribuent à
élever sa température; en l'abritant contre
les vents chauds, elles contribuent double-
ment à la refroidir.

Les mers polaires sont encombrées de
glaces; c'est pourquoi les vents qui soufflent
de là vont à leur tour glacer les îles et les continents voisins. Partout ailleurs, au contraire,
le voisinage de la mer adoucit la température. L'eau de la mer, en effet, s'échauffe
moins vite que la surface solide des terres,
mais aussi elle perd moins vite sa chaleur.
Quand le soleil est au-dessus de l'horizon, les
rivages s'échauffant plus fortement, l'air se

dilate à leur contact et s'élève dans l'atmosphère, tandis que l'air plus frais de la mer vient le remplacer : ainsi naissent les brises de mer. Après le coucher du soleil, la terre se refroidissant plus vite que la surface des eaux, l'effet contraire se produit, et la brise de terre se déclare à son tour. Les vents froids s'échauffent et les vents chauds se rafraîchissent en effleurant la surface des mers. C'est pourquoi les vents d'ouest si froids sur la côte orientale de l'Amérique du nord sont devenus des vents chauds quand ils atteignent les côtes occidentales de l'Europe. C'est pourquoi si la Méditerranée était tarie, les vents brûlants du désert Africain auraient bientôt transformé le midi de l'Europe en un autre désert aride et désolé.

Indépendamment des courants atmosphériques, les océans eux-mêmes sont sujets à des mouvements continus très-remarquables, et dont l'influence directe sur la température des continents est aussi très-marquée : je veux parler des courants maritimes, espèces de fleuves roulant au milieu des mers. Un premier mouvement général paraît porter les eaux des pôles vers l'équateur, où elles viennent remplacer celles que l'évaporation très-abondante de cette ré-

gion, enlève continuellement à la masse liquide frappée verticalement par les rayons
solaires. Un second mouvement général en-
traîne les eaux le long de l'équateur d'orient
en occident, c'est-à-dire dans le sens opposé
au mouvement de rotation de la terre. Ce
grand courant, dit courant équinoxial ve-
nant heurter la côte du Brésil s'y divise en
deux branches, dont l'une se dirige vers
le sud, et l'autre longeant la côte au N. O.
va s'engouffrer dans le golfe du Mexique
qu'elle contourne, et où elle prend le nom
de Gulfstream, c'est-à-dire, courant du
golfe. Ce courant passant au sud de la
Floride rentre ensuite dans l'océan Atlantique pour y prendre la route du N. E., en
s'éloignant de plus en plus des côtes de
l'Amérique. Vers le 40ᵉ degré de lat. N.
et au S. E. du banc de Terre-Neuve, une
partie du courant revient au sud rejoindre
le courant équinoxial; mais le reste, con-
tinuant de suivre la route du N. E., va
jeter sur les côtes de l'Europe septentrionale une quantité d'eau chaude suffisante
pour adoucir sensiblement la température
de ces latitudes élevées. D'un autre côté,
les courants partis des régions polaires du
nord ou passent sous ce fleuve d'eau plus
chaude et moins lourde, ou se dirigent vers

la côte orientale de l'Amérique septentrionale, qu'ils refroidissent par eux-mêmes,
et où ils transportent aussi les glaces de
l'océan Polaire en les éloignant de la côte
européenne.

II

Maintenant, Messieurs, examinons les
deux continents, mais auparavant entendons-nous encore sur le sens et la valeur
de quelques expressions.

Les dépressions de terrain qui s'étendent
à droite et à gauche le long des fleuves et
des rivières forment les vallées de ces fleuves
et de ces rivières. Quand elles atteignent une
certaine largeur, on leur donne souvent le
nom de plaines. Les plaines cependant sont,
à proprement parler, des étendues de pays à
surface à peu près horizontale, au-delà des-
quelles on s'élève au moins par quelques-
uns de leurs côtés à des niveaux sensiblement supérieurs. Elles peuvent être coupées
de vallées et de ravins, renfermer même
plusieurs bassins de fleuves, mais dans ce
cas, les lignes culminantes sont assez peu
prononcées pour permettre à certains cou-

rants atmosphériques d'agir sur toute leur
étendue. On rencontre quelquefois des plaines à des altitudes considérables, sur les
flancs des grandes chaînes de montagnes
comme en Amérique, d'autres fois elles
s'élèvent par gradins comme en Asie. Dans
les deux cas, on leur donne communément
le nom de *plateaux;* mais cette dénomina-
tion convient davantage à des contrées souvent très-vastes situées à des hauteurs plus
ou moins considérables par rapport aux lieux
qui les environnent, et susceptibles d'être
coupées de ravins et de collines, quoique
présentant une surface à peu près horizontale dans son ensemble. Pour en sortir il
faut descendre. Encore une observation.
Dans tout bassin de fleuve, les vallées latérales ou des affluents étant obliques à la
vallée principale, et dirigées dans le même
sens, participent aux avantages et aux in-
convénients de son exposition, et y font
participer le bassin tout entier.

Passons en Amérique. Au premier coup
d'œil jeté sur une carte, il est impossible
de ne pas être frappé de ceci : le nouveau
continent se compose de deux masses de
terre allongées dans le sens des méridiens,
rétrécies vers le sud et rattachées ensemble
par un isthme dirigé du N. O. au S. E. Une

immense chaîne de montagnes le parcourt
dans toute sa longueur, en serrant de très-
près l'océan Pacifique, tandis qu'à l'est s'é-
tendent jusqu'à l'océan Atlantique de vastes plaines à peine traversées de l'ouest
à l'est, ou bordées le long de cette mer par
quelques chaînes secondaires. Là s'écoulent vers le nord, vers l'est et vers le sud
dans l'océan Atlantique ou le golfe du Mexique, des fleuves immenses dont quelques-
uns sont les plus grands fleuves du monde : le
Mississipi avec ses deux affluents principaux
le Missouri et l'Ohio, l'Orénoque, l'Amazone, etc. Les pays qu'ils parcourent sont en
partie couverts de longues herbes. ou de forêts séculaires conservant et distillant l'humidité; quelques-uns de ces cours d'eau,
communiquent naturellement entre eux, et
dans leurs débordements prodigieux leurs
affluents énormes en viennent presque à se
confondre.

L'Amérique du nord est en outre coupée
du N. O. au S. E. par une longue suite de
lacs; et l'océan Atlantique y pénètre p .r de
larges échancrures. Très-développée dans
sa partie septentrionale, et rétrécie au sud,
elle plonge son extrémité méridionale dans
la zone intertropicale, tandis qu'au nord
couronnée par une multitude d'îles que

séparent seulement d'étroits canaux toujours encombrés de glaces, elle se prolonge
indéfiniment vers le pôle tant les terres et
les glaces se confondent et rendent indécise
cette limite du nouveau continent. En conséquence ouverte comme les deux branches
d'un compas aux vents glacés du N. O. qui
soufflent pendant l'hiver, faiblement abritée
à l'intérieur par ses forêts et ses montagnes
secondaires, refroidie dans les mêmes régions par ses lacs et ses cours d'eau, et sur
les côtes orientales par les courants de l'A-
tlantique, elle subit partout, même au-delà de
la grande chaîne, le long de l'océan Pacifique où la température pourtant se relève,
une moyenne d'hiver inférieure à celle des
points correspondants situés dans la partie
occidentale de l'ancien continent. Pendant
l'été aucontraire, les ventssoufflant du S. O.
la latitude reprend ses avantages : c'est
ainsi qu'à New-York avec des hivers qui
sont presque ceux de la Norwége on a les
étés brûlants des climats méridionaux.

Dans le voisinage du golfe du Mexique
que contourne le courant d'eau chaude,
l'influence de la latitude est modifiée seulement par l'humidité et par l'élévation
du sol. On éprouve à la Vera-Cruz des
chaleurs accablantes, mais, privilége inap-

préciable de ces contrées favorisées, en pénétrant dans l'intérieur du pays on s'élève, et en s'élevant on rencontre successivement les températures et les produits des climats les plus opposés.

Ici, en effet, le continent américain se rétrécit tellement que bientôt la chaîne qui le borde dans toute sa longueur, occupe en y formant de vastes plateaux sa largeur presque tout entière.

Moins étendue, mais plus allongée que l'Amérique du nord, celle du sud s'avance vers le pôle austral jusqu'au 56e degré de latitude méridionale. Les courants polaires viennent se heurter contre cette extrémité et contribuent à la refroidir d'autant plus que les vents du sud-ouet connus sous le nom de pamperos y soufflent le froid jusqu'à l'embouchure de la Plata. Restons entre les tropiques.

La grande chaîne américaine s'y rapproche très-sensiblement de l'océan Pacifique, et y présente les sommets les plus élevés du globe après ceux de l'Himalaya, en Asie. On trouve sur le flanc occidental de cette chaîne des plaines étagées à des hauteurs de 4000 mètres et supportant çà et là des villes importantes. Ces terrasses nous

offrent, sous l'équateur même, cette succession de climats et de produits que nous
avons remarquée au Mexique. Au pied de la
montagne qui porte Quito, la température
moyenne de l'année est d'environ 27°; à Quito
elle tombe à 15° 45. L'équateur coupe la
chaîne un peu au nord de Quito, et sort
de l'Amérique par l'est, après avoir traversé
des plaines immenses où coulent l'Orénoque, l'Amazone, leurs affluents innombrables, et plus au sud les rivières imposantes du Rio de la Plata. Les tropiques
renferment ainsi les contrées les plus inon-
dées du globe, et les plus propres par
leurs terrains boisés ou couverts d'herbes
sauvages à retenir l'humidité. L'Amérique
méridionale sera donc moins chaude à
latitude égale, que l'ancien continent. Partout où le soleil promène verticalement ses
rayons, une évaporation abondante produit
sur son passage ces pluies de l'hivernage
qui accompagnent l'été de ces régions. Ce
phénomène se retrouvera nécessairement
sur les autres points du globe où les mêmes
causes se rencontreront : aux Antilles, dans
l'Indoustan, dans les îles de l'océan Pacifique; et là aussi la réunion de l'humidité
et de la chaleur en aussi grande quantité
engendrera ces prodiges de la végétation par

lesquels la nature resplendit dans toute sa magnificence.

Continuons de suivre l'équateur et rentrons dans l'ancien continent. Ici la masse des terres se développe davantage dans tous les sens. Ces terres s'étendent en longueur du S. O. au N. E. Au nord, elles s'arrêtent au 78ᵉ degré de latitude boréale, et au sud au 35ᵉ de latitude méridionale. Les principales chaînes de montagnes suivent assez sensiblement la direction des parallèles. L'équateur traverse ce continent par l'Afrique seulement, mais l'Indoustan et l'Indo-Chine s'en rapprochent assez pour être compris l'un en grande partie, et l'autre en entier dans la zone tropicale. Occupons-nous uniquement de ce qui est au nord de l'équateur.

Située au S. O. de l'ancien continent auquel elle se rattache par l'isthme de Suez, l'Afrique a ses côtes généralement bordées de montagnes; la principale chaîne est celle de l'Atlas, au nord, le long de la Méditerranée. A l'intérieur ce sont d'immenses plaines ou plateaux, quelques lacs, peu de cours d'eau, presque partout du sable : donc de vastes déserts arides et brûlés par un soleil ardent. Le plus intéressant pour nous est le Sahara touchant à notre Algérie par le sud. Les pluies sont rares dans ces pays au nord

du 16e degré, et les vents brûlants qui soufflent du désert, le Simoun des Arabes, le
Kamsin des Egyptiens, Sirocco sur les
côtes ·d'Italie, Solano sur celles de l'Espagne portent au loin la sécheresse et la
désolation. Mais le Sahara n'en est pas
moins un bienfait pour l'Europe méridionale : non-seulement en effet il réchauffe
pendant l'hiver les rivages de la Méditerranée, mais encore par ses aspirations puis-
santes il contribue pendant l'été à détermi-
ner nos vents du nord, tout en nous envoyant
par intervalles, ses bouffées brûlantes.

Les déserts se continuent à travers l'Asie
dans la direction du S. O. au N. E., par
une suite de plaines arides et disposées
en gradins, mais coupées çà et là de vallées fertiles, jusqu'à une espèce de grand
cirque situé au centre et formé par d'é-
normes montagnes, que renforce au midi
une chaîne encore plus élevée, celle de
l'Himalaya. Ses hautes murailles supportent de vastes plaines excessivement froides
et où l'on ne trouve guère que des ronces
et des cailloux; parmi ceux-ci il faut citer le
rubis. Les géographes l'appellent le Plateau
central. De quelque côté qu'on en sorte, on
descend : au nord vers l'océan Glacial, au
sud vers l'océan Indien, à l'est vers l'océan

Pacifique, à l'ouest vers la mer Caspienne, la mer Noire, la Méditerranée et l'Europe.

Une partie de l'Asie occidentale est pourtant comprise dans le versant méridional. Une longue chaîne de montagnes, qui, de l'isthme de Suez va se rattacher au Plateau central, la sépare du reste ; l'une et l'autre région possèdent peu de cours d'eau importants ; mais les montagnes s'amoncellent au N. E.; les lacs et les mers intérieures y abondent ; l'humidité y facilite la végétation, et la fraîcheur augmentant avec la hauteur et le voisinage des montagnes, ramène cette végétation aux espèces répandues dans nos climats tempérés. La partie comprise dans le versant de l'océan Indien se compose de ces plates-formes souvent arides dont je parlais en abordant l'Asie. Elle reçoit en plein les rayons les plus brûlants du soleil d'Afrique ; la température s'y maintient très-élevée partout où un changement de niveau ne vient pas la modifier brusquement ; le ciel y conserve une pureté admirable ; mais aussi l'aridité y marque largement sa place, à moins que quelque cours d'eau comme le Tigre ou l'Euphrate n'y ramène la végétation en y rétablissant l'union féconde de la chaleur et de l'humidité.

Nulle part cette union n'est plus complète,

nulle part elle n'est mieux établie, nulle
part elle ne produit de plus magnifiques
résultats que dans ces contrées du versant
méridional qui s'étendent directement au
sud du plateau central et de l'Himalaya.
Abrité au nord-est par ces énormes massifs
dont les sommets atteignent jusqu'à 8 à9000
mètres d'altitude, baigné à l'ouest, à l'est et
au midi par la mer des Indes, inaccesible aux
vents froids, tout entier ouvert aux chaudes
émanations des tropiques, mais arrosé par
d'innombrables cours d'eau dont plusieurs
sont des fleuves considérables, et soumis à
l'action périodique des pluies tropicales,
l'Indoustan, pendant six mois de l'année
étale librement au soleil (le mot librement
s'applique au soleil) toutes les splendeurs
d'une végétation prodigieuse.

Entendons-nous cependant. Tandis que
dans l'Amérique intertropicale, la saison
des pluies se déclare partout à mesure que
le soleil approche du zénith, ici elle accom-
pagne la mousson du S. O., pour la côte occidentale, et la mousson du N. E., pour la
côte orientale. De sorte que lorsqu'il pleut
sur la côte de Malabar, il fait très-beau sur
la côte de Coromandel ; et lorsqu'il pleut sur
la côte de Coromandel, le temps est magni-
fique sur la côte de Malabar : — Jeanne

qui pleure, et Jeanne qui rit! — Le Dekan, situé entre les deux, subit cette double influence. Il rit d'un côté et il pleure de l'autre, alternativement.

L'Indo-Chine fortement retrécie de l'ouest à l'est, mais très-allongée du côté de l'équateur, et parcourue longitudinalement par de grands fleuves bordés de longues chaînes de montagnes, doit participer du versant méridional plus que du versant oriental sur lequel elle déborde.

Ce versant oriental, la Chine l'occupe en grande partie. Au midi, elle dépasse le tropique; au nord elle atteint à peine la latitude septentrionale de la France. Mais de hautes montagnes couvrent les régions de l'ouest et du nord, et y entretiennent des froids rigoureux que l'exposition favorise. A l'est et au sud-est, des plaines fertiles se déroulent entre les montagnes et la mer, mais les vents de l'est contribuent à les refroidir en y poussant les brumes de l'océan Pacifique: aussi, Messieurs, ses températures moyennes sont-elles à peu près celles des divers climats de l'Europe. Par conséquent, beaucoup moins chaude que l'Asie occidentale, l'Asie orientale subit, même sur les bords de la mer, des températures hivernales beaucoup plus basses que

celles des côtes occidentales du continent.
Ne soyons donc pas surpris d'y voir repa-
raître cette différence si sensible entre la
température de l'hiver et celle de l'été que
nous avons observée sur la côte orientale de
l'Amérique. A New-York, par 40° 40' de
latitude nord, elle est de 27°, 4; à Pékin
par 39° 54', elle est de 31°, 2. Mais à
Pékin même, la température moyenne de
l'été est de 28°, 1, tandis qu'à New-York
elle n'est encore que de 26°, 2, et à Naples
de 23°, 9. Malgré le ciel souvent nébuleux
du Céleste Empire, le soleil n'y perd donc
pas entièrement ses droits. Des fleuves
imposants promènent leurs eaux à travers
des campagnes où la main des hommes a
creusé de nombreux canaux. C'est pourquoi, dans les plaines que je viens de citer,
l'agriculture des Chinois fait prospérer à la
fois les produits des tropiques et ceux des
zones tempérées.

Au nord du Plateau central, l'Asie s'in-
cline tristement vers l'océan Glacial. Fermée aux vents du midi par des massifs
de montagnes énormes, fermée du côté du
Pacifique par une ramification du plateau
central, entièrement ouverte aux souffles
polaires, elle s'y plonge dans une atmosphère glacée. Là aussi les fleuves abondent,

mais la chaleur y fait complètement défaut, et la stérilité y a placé sa demeure. Vous avez reconnu, Messieurs, l'affreuse Sibérie, cette solitude désolée où l'on rencontre pourtant çà et là quelques chasseurs à la recherche des fourrures, de pauvres mineurs, de misérables condamnés, puis des victimes et des bourreaux,

Tournons à l'ouest et franchissons la chaîne peu élevée de l'Oural, nous sommes en Europe.

Comprise entre le 71e et le 35e degrés de latitude boréale; baignée au nord par l'océan Glacial, à l'ouest et au N. O. par l'océan Atlantique, la mer du Nord et la Baltique, au sud par la Méditerranée, la mer Noire et la mer Caspienne, l'Europe s'allonge au milieu des mers, dans la direction du N. E. au S. O., et en se rétrécissant très-sensiblement, de manière à figurer un triangle. Supprimons le Caucase qui forme une de ses limites méridionales, et remplaçons-le par un canal de la mer Caspienne à la mer Noire, l'Europe deviendra une grande presqu'île rattachée à l'Asie par son côté le plus oriental. Ses côtes fortement découpées projettent au nord et au midi, mais surtout au midi, d'autres presqu'îles importantes dont l'existence et la configuration sont dues à la di-

4

rection et à l'épanouissement remarquable de ses chaînes de montagnes.

Comme l'Asie, l'Europe a son massif principal et culminant auquel se rattache le système presque tout entier. Moins élevé, moins étendu et moins central que le massif asiatique, il est situé dans cette partie de l'Europe occidentale qui se resserre entre la mer du Nord et la Méditerranée, et à une distance assez rapprochée de cette dernière mer. C'est la chaîne des Alpes. Une suite de hautes montagnes couvertes de neiges éternelles, dirigée de l'E. N. E. à l'O. S. O. et atteignant une altitude de 4810 mètres avec le mont Blanc, surplombe tout le massif. A ses deux extrémités elle se recourbe en arc de cercle vers le sud; et en se prolongeant vers le sud-est, elle forme d'une part la péninsule Italique avec sa bifurcation, et de l'autre la péninsule hellénique avec son épanouissement et ses découpures si singulières. Du côté du nord, une branche dirigée vers l'occident rejoint le Jura et la met en communication avec cette succession de collines et de montagnes qui après avoir contourné la source de la Saône en remontant vers le nord, se continuent dans la direction du sud pour aller rejoindre les Pyrénées et traverser toute l'Espagne à laquelle elles imposent par leurs ramifications dirigées vers l'ouest, sa configuration et ses contours. Le sud-ouest de l'Europe se trouve ainsi enveloppé dans un vaste demi-cercle décrit par les montagnes aux alentours de la Méditerranée, et dont la concavité tournée vers cette mer, s'ouvre aux vents chauds du désert Africain. Cette courbe montagneuse tend évidemment à concentrer la chaleur dans les régions que sa concavité renferme, et elle protége la plupart d'entre elles contre les courants atmosphériques qui soufflent du nord de l'Europe. Ce n'est pas à dire pour cela que des brises glacées dégagées du sommet des Alpes par la dilatation de l'air à leur base ne viennent pas troubler parfois comme en Provence et en Illyrie, les effets de cette situation privilégiée; mais il en résulte un climat particulier plus chaud et plus sec que dans les régions océaniques ou orientales situées à une latitude semblable. On lui a donné le nom de climat méditerranéen.

Messieurs, on a trop célébré les charmes et les avantages de ces contrées favorisées, et l'heure est déjà trop avancée, pour que j'aborde à ce propos des particularités sur lesquelles j'aurais à revenir en parlant de la

France. Veuillez donc me permettre de me borner pour le moment, à ces simples indications :

Naples est située sur la Méditerranée par 40° 50' de latitude N. ; Lisbonne sur l'océan Atlantique par 38° 42', Constantinople sur le détroit de même nom, par 41°, la première de ces trois villes dans la région, les deux autres en dehors. Voici leurs températures moyennes, mais n'oublions pas que Lisbonne est de deux degrés au sud de Naples :

	Lisbonne	Naples	Constantinople
Année....	16°,4	16°,7	13°,4
Hiver....	11°,3	9°,9	4°,8
Printemps	15°,5	15°,6	10°,0
Eté.......	21°,7	23°,9	23°,0
Automne .	17°,0	17°,3	15°,8

La différence est surtout sensible pour Constantinople, où elle porte principalement sur l'hiver et le printemps ; à Lisbonne c'est particulièrement l'été qui diffère.

Le ciel conserve dans cette région une sérénité remarquable. Le nord de l'Italie est couvert de grands lacs, mais la région entière est pauvre en grands fleuves, et nous n'aurions guère que le Rhône et le Pô à citer. Cependant, suivant M. Schouw la quantité de pluie qui tombe annuellement au sud des Alpes est avec celle qui tombe au nord, dans le rapport de 7 à 5. Mais le nombre de jours de pluie dans l'année, et ceci importe davantage, serait à peine de 90 à 100 pour le midi, quand il s'élèverait à 150 ou 160 pour le nord. — Portons nos regards sur les contrées situées en dehors de l'arc montagneux qui circonscrit la région méditerranéenne, et examinons la disposition du sol. Nous voyons d'abord une branche des Alpes contourner l'est et le nord-est de la Suisse, rejoindre les montagnes de la Forêt Noire qui courent le long de la rive droite du Rhin parallèlement aux Vosges, et dépassant les sources du Danube aller aboutir dans la direction du N. E. aux montagnes de la Bohême. Ici se terminent les pays montagneux du côté de l'est. La chaîne des Carpathes qui se détache au N. E. du massif de la Bohême va rejoindre le rameau Illyrique au sud en décrivant un arc de cercle dont la concavité est tournée vers l'ouest, et en s'ouvrant à peine assez pour laisser passer le Danube. Plus au sud la chaîne des Balkans se détache du rameau Illyrique pour courir jusqu'à la mer Noire. — Nous pourrions citer encore deux ou trois chaînes isolées : une chaîne côtière en Crimée, le Caucase avec ses sommets de 5,600^m d'altitude au S. E., les Alpes Scandinaves au nord...

4.

Le reste est plaines ou plateaux peu élevés. Au milieu même des branches du massif nous trouvons d'abord les plaines de la
Suisse et de la Bavière, puis vers l'est et le
S. E., en suivant le cours du Danube, celles
de la Hongrie et de la Valachie. Si d'un autre côté nous partons des Pyrénées pour
nous rendre en Asie en contournant la région
Méditerranéenne, nous traverserons toute
une série de plaines autrement remarquables.
Celles-ci descendent de l'arc montagneux
vers l'Atlantique, la mer du Nord et la Baltique. Leur étendue augmente avec la largeur
de l'Europe elle-même, de telle sorte que
la première comprenant le sud-ouest de la
France, la dernière s'étend de la Baltique
et de l'océan Glacial à la mer Noire et à la
mer Caspienne, sur toute la largeur de l'Europe, en comprenant, si on y ajoute le
plateau de Finlande, la Russie d'Europe
tout entière. Or, Messieurs, pendant que les
plaines voisines de l'Atlantique se réchauf-
fent au voisinage de cette mer et sous l'influence des vents du S. O. qui les parcourent,
la grande plaine orientale subit directement
et sur toute son étendue l'influence de plusieurs foyers de froid puissants : l'océan Glacial, la Sibérie, le plateau central de l'A-
sie, les neiges du Caucase et les brumes de

la Caspienne et celles de la mer Noire. Que
résultera-t-il donc de cette élévation de niveau dans les terres de l'Europe moyenne,
et des influences si différentes que subissent
les terres basses de l'occident et de l'orient,
pour la distribution générale de la chaleur
à la surface de cette partie du monde ? En
premier lieu, les pentes du massif étant très-
rapides au midi, on éprouvera, en passant
du massif dans les régions méditerranéen-
nes un changement rapide de température : de là le caractère tranché du climat
méditerranéen. En second lieu, les températures des contrées exhaussées et refroidies
par le voisinage du massif tendront à se
rapprocher de celles des rivages de la mer
du Nord, et à s'éloigner de celles qu'on rencontre aux bords de l'Océan. En conséquence,
en Europe comme en Asie, la température
à latitude égale s'abaissera en allant d'occident en orient, même sur les rivages de la
mer Baltique et de la mer du Nord où les
courants d'air froid venus du nord et de l'est
ne rencontrant pas d'obstacles, sont atté-
nués seulement par la distance des foyers de
froid, et par la fréquence des vents d'ouest
augmentant avec cette distance.

Christiania, Upsal, Saint-Pétersbourg
sont situés entre le 59ᵉ degré 52' et le 59ᵉ

degré 56' de latitude boréale. Upsal est à 6° 53' de longitude de Christiania, et Saint-Pétersbourg à 12° 41' d'Upsal. De Christiania à Upsal, la température moyenne de l'année présente un abaissement de 0°, 4 ; d'Upsal à Saint-Pétersbourg, l'abaissement est de 1°, 8.

Copenhague. Moscou, Kasan sont situés entre le 55ᵉ degré 41' et le 55ᵉ degré 48' de latitude boréale, Copenhague à 25° 4' de longitude de Moscou, Moscou à 11° 29' de Kazan. De Copenhague à Moscou, la température moyenne de l'année s'abaisse de 3° ; de Moscou à Kazan, l'abaissement est de 3°, 3.

Bruxelles et Prague sont situées l'une à 50° 51', l'autre à 50° 5' de latitude boréale et séparées par un intervalle de 10° 4'; de Bruxelles à Prague, la température moyenne de l'année présente un abaissement de 1°, 3.

Saint-Malo est situé sous le 48ᵉ degré 39' de lat. boréale, Vienne sous le 48ᵉ 13'; la distance qui les sépare est de 18° 24' de longitude, la différence dans la température moyenne de l'année, d'environ 2°.

De nouveaux exemples, Messieurs, corroboreraient ce fait général de l'abaissement de la température d'occident en orient. Ceux que je viens de citer l'établissent suffisam-

ment : les deux premiers pour les plaines
du nord, les deux derniers pour l'Europe
moyenne et montagneuse. Si nous entrions
dans le détail des températures par saison,
il nous serait facile de voir que ces différences portent principalement sur l'hiver et
les saisons intermédiaires, et que l'été est
la saison qui en présente le moins. Cela tient
à des causes générales que j'ai déjà indi-
quées, et à l'affaiblissement, pendant l'été,
des causes locales de froid.

Hydrographiquement l'Europe se partage
en deux versants maritimes principaux. L'un
épanche ses eaux dans l'océan Glacial,
l'Atlantique, et les mers secondaires qui en
dérivent ; l'autre dans la Méditerranée, la
mer Noire et la mer Caspienne. La ligne
de faîte à laquelle s'appuient ces deux versants se compose 1º de la branche occidentale du grand arc montagneux, 2º des Alpes
centrales, de la branche qui s'en détache
pour aller rejoindre les montagnes de la
Bohême, de ces montagnes de Bohême et
de la partie septentrionale des Carpathes ;
3º de simples dos de pays ou d'humbles
collines, à travers les plaines de la Pologne
et de la Russie, jusqu'à l'Oural.

Sur le versant septentrional, les vallées
des grands fleuves divergent principalement

de l'ouest au nord ouest, pour l'Europe
continentale bien entendu. Elles sont nombreuses, et la plupart des fleuves qui s'é-
coulent le long de leur thalweg ou ligne de
plus grande profondeur, sont des cours d'eau
considérables, si on compare leur développement et leur volume aux dimensions assez restreintes des autres accidents du sol
européen. Qu'aurais-je besoin de citer la
Garonne, la Loire, la Seine, l'Escaut, et
cette Meuse française qui prend un bras au
Rhin allemand, comme pour lui dire :
viens avec moi, tous fleuves français de l'A-
tlantique ou de la mer du nord, et le Rhin,
et le Weser, et l'Elbe et l'Oder, Allemands
ou Prussiens, on ne sait trop lequel, puis
la Vistule, le Niemen et tous ces larges
cours d'eau que la Russie envoie à la Baltique et à l'océan Glacial ?

Parmi les fleuves du versant méridional, deux surtout atteignent des proportions
plus imposantes. Ce sont, en première ligne
et à l'est, le Volga tributaire de la mer
Caspienne, et tout à la Russie, puis le
Danube qui de l'ouest se rend à la mer
Noire, Allemand dans l'origine, Slave et
même Turc ensuite, un peu à tout le monde.
Entre ces deux, le Dniester, le Dniéper et
le Don, russes comme le premier, et même

un peu cosaques, portent aussi leurs eaux à cette dernière mer. L'Europe, vous le voyez, est convenablement arrosée.

Revenons au massif principal des Alpes. Sur les sommets innombrables de ce fouillis de montagnes élevées, les neiges et les glaces forment de vastes champs dont quelques-uns ont glissé jusque dans les vallées. Si nos regards passant par-dessus les Cévennes pouvaient atteindre cette autre partie de la frontière française qui s'étend de la Méditerranée à l'Atlantique, les Pyrénées leur offriraient le spectacle de frimas à peu près semblables. Ces neiges et ces glaces sont dites éternelles, mais il y a dans cette expression un abus de langage. Elles ne le sont pas du tout. Ce qu'il y a de vrai, c'est qu'en toute saison, ces massifs gigantesques en supportent des quantités énormes. C'est un approvisionnement d'eau que la Providence nous ménage. Pour que les glaciers glissent dans les vallées, il faut en effet qu'une fonte s'opère à leur surface de contact avec la terre, par suite de la température plus élevée du sol. D'un autre côté, la chaleur solaire entame leur surface supérieure par la liquéfaction et par l'évaporation. Cette double déperdition augmente sans doute ou diminue suivant les

saisons, mais elle suffit presque à produire
et à alimenter des fleuves comme le Rhin,
le Rhône et la plupart de ceux du nord de l'I-
talie; elle explique aussi les crues effrayantes
de quelques-uns d'entre eux au moment de
la canicule. Mais les montagnes elles-mêmes attirent et retiennent les vapeurs et les
nuages; de nouvelles condensations et de
nouvelles congélations s'opèrent rapidement; elles ont bien vîte remplacé les quantités perdues, et voilà comment les neiges
et les glaces se perpétuent au sommet des
montagnes.

De vastes forêts suspendues aux flancs
de ces montagnes modèrent les inondations
torrentielles, et contribuent à entretenir l'é-
vaporation en retenant une partie de l'humidité provenant de cette double cause la
fonte des neiges et l'attraction des montagnes. Ces forêts s'étendent au loin, sur les
montagnes secondaires, les plateaux et les
plaines elles-mêmes, au nord-ouest, au nord
et à l'est des Alpes, en France, en Suisse,
et en Allemagne. Là aussi elles conservent
l'humidité, là aussi elles entretiennent cette
évaporation lente et modérée qui produit
les brumes légères du nord, et ces pluies
fines et douces si chères aux agriculteurs.
De la Moravie au Danemark, et de la Suisse

à la mer du Nord, l'Europe présente à chaque pas de magnifiques tapis de verdure.

Au pied même des Alpes, au nord et au midi de la chaîne, dans les plaines élevées de la Suisse, et dans les plaines basses de la Lombardie, la nature à tant de faveurs a ajouté le charme et les avantages des grands lacs. Néanmoins la région subalpine du sud appartient au climat méditerranéen et la température moyenne de l'année y flotte entre 11 et 13°. Plus fraîche et plus majestueuse la plaine suisse a des moyennes qui ne dépassent pas 9°, 8 à Genève, et qui tombent à 8° 8' à Zurich.

Les contrées montueuses ou à plateaux qui de la Suisse s'étendent jusqu'en Saxe et en Gallicie, entre les plaines du nord de l'Allemagne et celles du moyen et du bas Danube, comprennent tout le cours supérieur de ce fleuve, plaine de Bavière, et haute Autriche, avec les plateaux de Souabe, de Franconie, de Bohême, des Carpathes et le plateau du Hartz appendice jeté au milieu des plaines de la basse Allemagne. Couverte de nombreuses forêts, mais en général plus humide dans sa partie orientale, cette région subit des températures variant avec l'élévation du sol et la proximité des montagnes. A Rastisbonne la moyenne

annuelle est de 8° 9'; à Prague elle est de
9° 7'. Mais en Gallicie on éprouve des froids
très-vifs précurseurs de ceux de la Russie :
le vent du nord-est les y apporte de l'intérieur de ce pays. Il y pleut aussi beaucoup
plus que dans les contrées voisines.

Le Danube dans la partie moyenne et la
partie infiérieure de son cours, traverse des
plaines très-étendues. Salines et bitumineu-
ses d'abord, elles deviennent très-maréca-
geusès à mesure qu'elles se rapprochent de
la mer Noire. Ce sont celles de la basse-
Autriche ou de la Hongrie d'une part. puis
celles de la Valachie et de la Moldavie de
l'autre. Souvent brûlante en Hongrie , la
température est aussi très-élevée en Moldavie
pendant l'été; mais le voisinage de la Russie
y rend les hivers très-rigoureux. La moyenne
annuelle qui à Vienne est de 10° 3, et à
Bude de 10° 5 tombe au-dessous de 9° en
Moldavie.

Saluons en passant la péninsule Turco-
Hellénique, et prions le grand Turc de
nous excuser. Nous ne nous y arrêterons pas
car le temps nous manque : d'ailleurs j'ai
déjà dit deux mots de Constantinople. Quant
à l'intérieur du pays les accidents du sol, en
lui enlevant une partie des avantages de
la région méditerranéenne, y font varier la

température et les climats, pour ainsi dire,
à chaque pas. Entrons en Russie.

L'immense plaine est comprise entre le 41e
et le 71e degré de latitude nord, et elle dépasse en étendue le reste de l'Europe. Bordée
au nord, à l'est, et au sud-est par des
foyers de froids très-actifs, elle s'élève à
son centre, comme pour mieux s'ouvrir à
tous les vents. Ceux du nord-ouest et du
nord-est sont les plus fréquents et soufflent
à peu près le même nombre de jours dans
l'année. Ceux de l'est partis de l'Oural sont
toujours glacials, ceux du sud sont quelquefois brûlants. La partie méridionale
par laquelle nous y pénétrons est nue, sans
arbres et s'étend le long de la mer Noire,
des monts Caucase et de la mer Caspienne.
Les fleuves de la mer Noire y traversent un
sol argileux recouvert sur leurs rives d'un
limon fertile et très-favorable à la culture
des céréales; mais au-delà, et à mesure qu'on
s'approche de la Caspienne, le sol sablon-
neux s'imprègne de sel, et devient rebelle
à la culture. Cette région comme la Moldavie et généralement les bords de la mer
Noire, éprouve des étés brûlants et des hivers très-rigoureux. Le 46e degré de latitude traverse également la mer d'Azof,
l'isthme de Pérécop, la Moldavie; le nord

de l'Italie touchant aux grandes Alpes, et
notre département de la Charente-Infé-
rieure; malgré cela, le Danube gèle fortement en Moldavie, le Volga gèle fortement
au sud-est de la Russie, et la mer d'Azof,
se prend tout entière. La moyenne annuelle
de température paraît y être de 7 à 8 degrés. Astrakan sur la mer Caspienne, est
à peu près à la latitude de Montluçon, et
l'extrémité la plus méridionale de la région
à celle de Ségovie en Espagne. Pour arriver
à Moscou au cœur de la région centrale de
l'ouest, il nous faut franchir une distance
comme celle qui sépare Ségovie de Glascow
en Ecosse.

Ici la température moyenne est encore
de 4° à 5° ; mais les hivers y sont très-longs
et d'une rigueur extrême; les fleuves restent
gelés pendant plusieurs mois, ordinairement
du mois de novembre au mois d'avril. Si
l'on s'avance à l'est vers les monts Ourals,
l'abaissement de la température finit par
devenir énorme. Cet abaissement doit se
manifester en allant vers le nord, mais plus
on se rapproche de l'Oural, plus le froid à
latitude égale devient intense. Permettez-
moi, Messieurs, de ne vous conduire ni sur
les rivages de l'océan Glacial que les glaces
encombrent jusqu'au mois de juin, ni dans

cette Laponie où la terre dégèle à peine pendant trois mois ; ces climats sont trop rudes pour nous. Entre la mer Blanche et la Baltique s'étend une région de lacs coupée dans tous les sens par des canaux naturels et des rivières. Saint-Pétesbourg s'élève au sud de cette région et au fond du golfe de Finlande. Arrêtons-nous là. Ces contrées humides et froides éprouvent une température moyenne de 4°; à Saint-Pétersbourg elle est de 3° 8, mais le thermomètre descend presque tous les hivers à 30° au-dessous de zéro. Il tombe de la neige pendant dix mois, et la gelée persiste de la fin d'octobre au mois d'avril. Au sud-est le climat, ne perd rien de sa rigueur. Si au contraire nous quittons les marais glacés qui avoisinent Saint-Pétesbourg, pour aborder, en nous dirigeant au sud-ouest, les contrées situées au sud de la Baltique, les marais et l'humidité ne nous abandonnent pas, il s'en faut de beaucoup, mais la température s'adoucit sensiblement quoique nous traversions encore des rivières qui gèlent jusqu'au mois d'avril.

Nous arrivons, Messieurs, aux plaines de la Prusse et de la Pologne que continuent à l'ouest les plaines rétrécies de l'Allemagne du nord. Sablonneuses dans la plus grande

partie de leur développement, mais coupées
çà et là d'attérissements marins et d'allu-
vions d'eau douce ; couvertes de forêts, de
marais, de lacs et de tourbières; par conséquent, humides, quoiqu'en général fertiles,
les premières s'abaissent lentement depuis
les marais de Pinsk et les Carpathes du
nord, jusque sous les eaux de la mer Baltique. A l'est la Lithuanie éprouve de fortes
chaleurs et des froids excessifs de peu de durée. La Pologne reçoit par les vents d'est
l'air glacé de la Russie centrale et de l'Oural,
mais les vents d'ouest qui soufflent à Varsovie pendant les trois quarts de l'année,
lui apportent la pluie. Dans les contrées
occidentales, l'air s'adoucit. Sec et tempéré
dans le royaume de Saxe qui, cependant,
comme la Silésie, se ressent du voisinage
des montagnes, il recouvre son humidité
dans le Brandebourg, à cause des lacs et
des forêts, et parce qu'aucun obstacle ne
protége le pays contre les vents de l'est et
contre ceux du nord. C'est pourquoi la température y reste très-variable, aux environs
même de Berlin. Au nord des pays que je
viens de nommer, depuis l'Elbe jusqu'au
Niémen, le voisinage de la mer, les cours
d'eau, les marais et une quantité innombrable de lacs entretiennent une humidité

abondante et des brouillards épais. Très-froide encore dans la Prusse propre, et même en Poméranie, la température s'adoucit beaucoup à l'ouest, surtout dans le Danemark placé entre deux mers. Bordés de dunes en quelques endroits, les rivages de la Baltique descendent sous les flots par une pente si faible, que les eaux de la mer communiquent facilement avec des lacs d'eau douce situés à l'embouchure des fleuves, sans leur communiquer leur amertume. Aussi le peu de profondeur de la mer, à proximité des rivages, ne permet-elle guère d'y creuser des ports pour une marine militaire. Le Danemark en avait un... Notre Romain s'agite, passons.

Cette nouvelle mer, Messieurs, c'est la mer du Nord; ces fleuves ce sont l'Elbe, le Weser, le Rhin, la Meuse, l'Escaut; ces pays, l'Allemagne du nord, la Hollande, la Belgique, les provinces occidentales de Prusse, bientôt la France. Ici encore, le long de la mer, on trouve des lacs, des marais, des tourbières et des dunes; ici encore les rivages sont tellement bas qu'en plusieurs endroits, comme en Hollande, il a fallu endiguer la mer; ici encore les brouillards couvrent le pays de leur manteau humide, mais le voisinage de l'Océan et les vents d'ouest ont considérablement atténué le froid.

De l'intérieur s'avancent dans la plaine, et sous un ciel plus pur au S. E., le plateau pittoresque du Hartz, patrie des mineurs et des légendes; au midi, les coteaux qui bordent le Weser et cette splendide vallée du Rhin, montagnes d'abord, collines ensuite, et les forêts qui de leurs flancs descendent dans la plaine jusqu'à moins de dix lieues de la mer du Nord. La Hollande elle-même, malgré ses sables, se couvre de verdure. La Belgique, les bords du Rhin... c'est la France; et nous allons y revenir. En attendant, voici quelques exemples de températures moyennes pour les pays que nous venons de traverser, en commençant par la Lithuanie :

Wilua, par 54° 41' de latitude N.......... 6°,5
Varsovie, par 52° 13' de latitude N....... 7°,5
Berlin, par 52° 31' de latitude N.......... 8°,6
Copenhague, par 55° 41' de latitude N.... 8°,2
Hambourg, par 53° 33' de latitude N..... 8°,6
Leyde, par 52° 10' de latitude N......... 9°,7
Bruxelles, par 50° 51' de latitude N....... 10°,2

Quant au régime pluvial de l'Europe, voici quelques-unes des données générales qu'on a pu recueillir :

La quantité de pluie et le nombre des

jours pluvieux vont en diminuant de l'occident à l'orient, des bords de l'Océan à l'intérieur des terres. Toutefois nous savons
déjà qu'il tombe plus d'eau, et que les jours
pluvieux sont moins nombreux au sud des
Alpes qu'au nord de cette chaîne.

Empruntons quelques chiffres à M. Kaentz.

Quantité de pluie.

Angleterre : côte occidentale............	95 c.
— intérieur, et côte orientale..	65
France et Hollande { côtes...........	68
{ intérieur.........	65
Plaines d'Allemagne.................	54
Bude............} Saint-Pétersbourg. }	45 à 46

Jours pluvieux.

Angleterre et France occidentale.......	152
France intérieure.....................	147
Plaines d'Allemagne..................	141
Bude................................	112
Kasan...............................	90

Au nord des Alpes et des Pyrénées, les
vents d'O. et de S. O. amènent la pluie;
mais la direction des montagnes modifie ce
fait en plusieurs endroits. Ainsi, dans l'Allemagne méridionale, les vents pluvieux
sont ceux de l'O. et du N. O., en Suède et

en Finlande, ce sont les vents d'est. A Saint-Pétersbourg, il pleut par tous les vents.

Les pluies d'été dominent au N. E.; et les pluies d'automne au S. O. L'Allemagne est comprise dans la première région; l'Angleterre dans la seconde. Paris est sur la limite des deux régions, de telle sorte cependant que la vallée du Rhône appartient encore à celle des pluies d'automne.

Et maintenant, Messieurs, entrons tout à fait en France.

Comprise entre le 51e et le 42e degré de latitude nord, la France figure un hexagone. Deux de ses côtés sont baignés par l'Atlantique, un troisième par la Méditerranée, les trois autres sont des limites de terre. Parmi ceux-ci, l'un au sud se confond avec les Pyrénées, excepté à son extrémité occidentale; un autre à l'E. et au S. E. suit une partie du cours du Rhin, le Jura et l'arc de cercle dessiné par les Alpes, de la grande chaîne à l'Italie; le troisième au N. E. est une ligne de convention dirigée du S. E. au N. O. qui seule la sépare des états voisins, de sorte que de ce côté ses terrains, ses collines et ses vallées se prolongent hors de son territoire.

A l'ouest, la côte de l'océan Atlantique décrit un arc de cercle rentrant, des Pyré-

nées à la presqu'île de Bretagne. Très-basse
jusqu'à l'embouchure de la Loire, elle se
relève ensuite en se découpant fortement,
pour courir au N. puis au N. E., où elle
s'abaisse de nouveau et confond ses dunes
avec celles de la mer du Nord. Au midi,
entre les Pyrénées et les Alpes, la côte de la
Méditerranée décrit deux arcs de cercle ;
l'un à l'E. tourne sa convexité vers la mer ;
l'autre à l'O. est rentrant ; au premier, la
côte est élevée et serrée de près par les
Alpes ; au second, elle est basse et bordée
d'étangs ou de langunes.

La France envoie ses eaux par deux versants maritimes opposés, l'un au nord, l'autre au midi, dans les mers opposées qui bai-
gnent ses rivages. La ligne de faîte par
laquelle ils se réunissent est formée par
cette chaîne de hauteurs : Corbières occidentales, montagne Noire, Cévennes, etc., qui
des Pyrénées se dirige vers le nord, contourne les sources de la Saône et de ses
affluents, et revenant au midi aboutit aux
Alpes par le Jura. Tout autour rayonnent
ses grandes vallées. Celles de la Garonne,
de la Loire et de la Seine divergent vers
l'O. et le N. O. ; celles de la Meuse et du
Rhin vers le nord ; celle du Rhône vers le
sud. Le développement le plus considéra-

ble ayant lieu dans la direction de l'O. et du N. O., la plus grande partie de son territoire se trouve soumise à l'influence de l'Océan Atlantique. Au midi, elle s'ouvre au climat méditerranéen, au N. E. et à l'E. aux climats de la mer du Nord, de l'Allemagne et de la Suisse.

Comme elle a ses montagnes et ses vallées, elle a ses plaines et ses plateaux. Parmi les plaines, deux surtout se font remarquer par leur importance : 1° celle du nord dite plaine de Neustrie, qui par la Flandre et le bassin de Paris, continue les plaines du nord de l'Europe ; 2° la plaine du S. O., dite plaine d'Aquitaine, comprenant les plaines de Bordeaux et de Toulouse.

Elle a ses plateaux ; et, comme la plupart des grandes régions que nous venons de parcourir, elle a son plateau central. Celui-ci s'étend tout autour du plateau de Millevache situé dans la Corrèze, jusque sur le département de la Nièvre vers le nord, et les départements du Tarn et du Gard au midi. Sa hauteur est d'environ 1200 mètres à Millevache. A partir de cet endroit, il va en s'abaissant dans toutes les directions ; mais il supporte des montagnes parfois assez élevées : montagnes d'Auvergne et de la Margeride, montagnes du Forez, Cévennes, montagne Noire... Dans l'Auvergne les sommets atteignent près de 1900 mètres d'altitude ; dans la Lozère et le Forez ils dépassent 1600 mètres. Les autres plateaux sont moins importants ; je me contenterai de vous indiquer celui de Bretagne, au N. O., celui des Ardennes au N. E., et celui de Provence au S. E.

Les conséquences générales des faits que je viens de signaler sont faciles à tirer. Pendant que la direction des vallées de la mer du Nord, et l'Allemagne occidentale avec ses brumes et ses montagnes souvent neigeuses, renforcées en Alsace par le voisinage des glaciers de la Suisse, concourront à refroidir les hivers dans la région du N. E., le nord de la France rachètera par son niveau très-bas et par le voisinage de l'Atlantique, les riguenrs ordinaires de sa latitude. D'un autre côté, au centre et assez avant dans le midi, le Plateau central, par son élévation, rapprochera des températures septentrionales, les températures moyennes des contrées qu'il supporte. Participant en même temps des climats voisins, suivant la direction de ses pentes, il tendra à fondre ces climats dans une moyenne à peu près commune à tous. Cependant sur le littoral

de la Méditerranée, les causes énergiques
qui rendent le climat méditerranéen si
tranché, continueront à l'emporter. Enfin
dans les pays du nord où les accidents naturels du sol ne viennent pas troubler les influences contraires des climats allemands et
de l'océan Atlantique, la différence entre la
température moyenne de l'hiver et celle de
l'été s'affaiblira à mesure que l'on se rapprochera de l'Océan.

Voici le tableau de quelques-unes de ces
différences, publié par M. Martins, dans sa
météréologie de la France :

Bruxelles	14° 3 (1)
Arras.	15 3
Denainvillers.	16 5
Montmorency.	15 7
Paris	14 1
Abbeville.	13 6
Angers . . . . . , ...	12 2
St-Malo	13 2
Cherbourg	10 8
Brest	10 8

A Bordeaux, cette différence est rede-
venue 16°, mais cela tient à des étés plus
chauds. A l'est, de Strasbourg à Viviers,

(1) 16°4 d'après Kœnitz.

elle s'élève à 18°, et cela tient principalement à des hivers plus froids.

Quant au régime des pluies, il est tel que
la quantité de pluie va en augmentant du
nord au sud, le Finistère et les montagnes
exceptées, tandis que le nombre de jours
de pluie diminue dans le même sens.

J'ajoute à ceci les indications suivantes
extraites d'un travail sur la pluviométrie du
sud-ouest de la France, par M. Raulin. La
pluie sur les côtes de l'Atlantique « va en
augmentant de N. au S., de la presqu'île
de Bretagne aux Pyrénées, dans une proportion telle que la moyenne décennale de
Bayonne est double de celle de la Ro-
chelle. »

La moyenne annuelle va en décroissant
quand on remonte « la vallée de la Garonne au S. E. jusqu'à Toulouse. Elle augmente à Carcassonne... et elle diminue de
nouveau dans la plaine du Roussillon, à
Perpignan.

« D'Agen, la quantité de pluie va en
augmentant vers le N. E., et à Cahors, elle
dépasse la moyenne de Bordeaux. A Saint-
Ferriol, qui est au pied de la montagne
Noire, la quantité est presque égale à celle
de Bordeaux. A Montpellier, situé de l'autre
côté des montagnes, malgré la distance qui

les sépare, la moyenne est beaucoup plus considérable qu'à Bordeaux

« Au point de vue de la quantité moyenne annuelle de pluie, Toulouse est donc un point central où la quantité de pluie est la moins grande (642 mm. 1). De cette ville, elle va en augmentant, soit en descendant la Garonne à Bordeaux (805 mm. 2), ou en remontant le canal du midi à Carcassonne (757 mm. 3), soit en se rapprochant du plateau central à Cahors (801 mm. 7), ou des Pyrénées à Beyrie (862 mm. 5), et surtout à Peyrehorade (1114 mm. 5). Au voisinage immédiat de ces montagnes, à Bayonne et à Bagnères-de-Bigorre, où elle atteint 1418 mm. 6 et 1485 mm. 7, elle arrive à être presque double de ce qu'elle est à Toulouse. »

Messieurs, on divise communément la France en 5 régions climatériques :

1° *Climat vosgien ou du N. E.*
2° *Climat séquanien ou du N. O.*
3° *Climat girondin ou du S. O.*
4° *Climat rhôdanien ou du S. E.*
5° *Méditerranéen ou provençal.*

Je terminerai cette conférence par quelques indications très-sommaires sur chacune de ces régions. Le travail de M. Martins sur la météréologie de la France me servira de guide.

1° *Climat vosgien.* — Entre le Rhin, la Côte-d'Or, les sources de la Saône, et une ligne suivant les montagnes de Mézières à Auxerre; continental ou extrême; hivers plus rigoureux qu'ailleurs; étés plus chauds qu'à latitude égale; différence 18°.

Température moyenne... { année 9°,6.
                        { hiver 0°,6
                        { été : 18°, 6.

Nombre annuel moyen des jours de gelée : 70.

Pluie { m. a. 669 mm.   } pluies d'été prédo-
      { jours de pluie 137   } minantes.

Moyennes annuelles pour quelques localités :

	Température.	Pluie.
Strasbourg,	9°,7............	{ 685 millimètres. { 115 jours.
Mulhouse,	10°,0............	{ 754 millimètres. { 164 jours.
Metz,	9°,7............	{ 584 millimètres. { 149 jours.
Nancy,	9°,5............	{ 568 millimètres. { 114 jours.
Epinal,	9°,5............	123 jours.

Vents dominants : S. O. et N. E., à peu près aussi fréquents l'un que l'autre.

2° *Climat séquanien*. — Limité au sud par la Loire, le Cher et une ligne de Mézières à Auxerre; climat d'autant plus égal ou marin qu'on s'approche davantage de l'Océan.

Température moyenne $\begin{cases} \text{Hiver, } 3°,95 \\ \text{Eté, } 17°.6 \\ \text{Gelée, 50 jours.} \end{cases} \begin{matrix} \text{Différence :} \\ 14°,67. \end{matrix}$

— La quantité de pluie augmente de l'est à l'ouest; moyenne : de 548 millimètres à 900; jours de pluie : 140; pluies d'automne prédominantes à l'O., pluies d'été à l'E.

Vents : S. O., puis, N. E. et N.

Moyennes annuelles :

	Température.	Pluie.
Dunkerque,	9°,4............	126 jours.
Lille,	9°,7............	571 millimètres. 169 jours.
Paris,	10°,74...........	564 millimètres. 144 jours.
Cherbourg,	11°,1.	
Angers,	12°,31............	520 millimètres.
Nantes,	12°,6............	122 jours.

3° *Climat girondin*. — Depuis la Loire et le Cher jusqu'aux Pyrénées; plus continental que le climat séquanien; différence entre l'hiver et l'été 16°.

Température moyenne $\begin{cases} \text{Année, } 12^o,7. \\ \text{Hiver, } 5^o. \end{cases}$

Gelée : 26 jours à Toulouse et à Pau, ce qui exclut les oliviers de cette région.

Pluies $\begin{cases} \text{Pluies d'automne prédominantes.} \\ \text{Jours de pluie : 130.} \end{cases}$

Moyennes annuelles :

	Température.	Pluie.
Poitiers,	11°,62............	580 millimètres.
La Rochelle,	11°,60............	139 jours.
Bordeaux,	13°,6............	150 jours.
Agen,	13°,7.	
Toulouse,	12°,5............	561 millimètres.
(642 millimètres suivant M. Raulin).		
Pau.	13°,39	125 jours.

4° *Climat rhôdanien.* — Comprenant les vallées de la Saône et du Rhône, depuis Dijon jusqu'à Viviers; excessif ou continental comme le climat vosgien, mais tempéré à cause de ses hivers plus doux et de ses étés plus chauds.

Différence entre les températures moyennes de l'hiver et de l'été : 18°, 6.

Température moyenne $\begin{cases} \text{Année, } 11^o. \\ \text{Hiver, } 2^o,5 \\ \text{Eté, } 21^o,3. \end{cases}$

Pluies $\begin{cases} \text{Moyenne annuelle, 946 millimètres.} \\ \text{Jours : 125, vallée de la Saône ; 107, vallée} \\ \quad \text{du Rhône.} \\ \text{Pluies d'automne prédominantes.} \end{cases}$

Vents : N. et S., puis, N. O. et O.

Moyennes annuelles :

Température.   Pluie.

Lyon, 11°,8.............. 776 millimètres.

Dijon, 11°,5.............{ 678 millimètres.
                          { 117 jours.

Mâcon, 11°,31............{ 876 millimètres.
                         { 128 jours.

5° *Climat méditerranéen.* — Le plus tranché de tous ; moyenne de température annuelle dépassant de 2° celle du climat girondin, mais différence semblable entre l'hiver
et l'été parce que les étés y sont plus chauds
et les hivers moins froids.

Température moyenne { Année, 14°,8.
                    { Hiver, 6°,5.
                    { Eté, 22°,6.

Pluies { 651 millimètres.
       {
       { 53 jours.

Vents dominants: N. O. ou Mistral à l'est;
vents d'O. dans la partie occidentale.

Moyennes annuelles :

Température.   Pluies.

Marseille, 14°,8...........{ 512 millimètres.
                            { 55 jours.

Orange,   13°,3............... 695 millimètres.
Avignon,   14°,42............... 568 millimètres.

Nîmes,   13°,7...............⎰ 642 millimètres.
                                   ⎱ 42 jours.

Montpellier, 13°,6...............⎰ 769 millimètres.
                                 ⎱ 67 jours.

Perpignan,   15°,21............... 70 jours.
Toulon,   14°,4............... 505 millimètres.

Hyères,   15°,0...............⎰ 746 millimètres.
                                   ⎱ 40 jours.

Si, négligeant les moyennes exception-
nelles afférentes à la région méditerranéenne, nous comparons entre elles les
températures moyennes des quatre autres
climats, en y joignant les moyennes par
saison, nous arrivons à ces résultats.

Se présentent dans l'ordre suivant,

Pour les moyennes les plus élevées :

ANNÉE	PRINTEMPS	AUTOMNE
Agen...... 13°,7	Agen. ... 13°,7	Nantes .... 15°0
Bordeaux.. 13°,6	Bordeaux. 13°,6	Bordeaux.⎰ 13°,5
Nantes.... 12°,6	Nantes ... 12°,5	Toulouse.⎱
Toulouse.. 12°,5	Toulouse . 11°,9	Angers ... 13,°1
Angers.... 12°,3	Dijon .... 11°,8	Lyon. .... 12,°8
Lyon...... 11°,8	Angers... 11°,5	Poitiers... 12°,4

HIVER	ÉTÉ
Agen........ 6°,2	Agen......⎰ 22°,4
Angers...... 5°,9	Viviers....⎱
Bordeaux .... 5°,6	Vienne .... 22°,1
Nantes....... 4°,9	Bordeaux .. 21°,6
Toulouse..... 4°,7	Lyon...... 21°,1
Poitiers...... 4°,3	Dijon...... 20°,8

Pour les moyennes les plus basses :

ANNÉE		PRINTEMPS		AUTOMNE	
Dunterque.	9,°4	Strasbourg.	10,°0	Abbeville .	7°,4
Abbeville..		Mulhouse..		Strasbourg.	10°,0
Strasbourg.	9°,8	Paris......	10°,3	Paris......	10°,0
Mulhouse .	10°,0	La Rochelle	10°,6	Mâcon	11°,4
Dijon	10°,0	Cyon......	10°,6	Mulhouse..	11°,5
Paris......	10°,7	Mâcon	11°,1	La Rochelle	

HIVER		ÉTÉ	
Mulhouse	1°,0	Abbeville ..	15°,4
Strasbourg ...	1°,1	Nantes.	17°,3
Dijon	1°,9	Dunterque .	17°,6
Besançon	2°,0	Paris.......	18°,1
Lyon.........	2°,3	Angers.....	18°,1
Viviers.......	2°,6	Strasbourg .	13°,3

Messieurs, je vous ai tenus bien long-temps, et nous n'avons pas encore épuisé les éléments de la question. Que serait-ce si j'avais entrepris de faire défiler devant vous les effets multiples et admirables de cette alliance inégale de la chaleur et de l'humidité, sur l'innombrable multitude de végétaux qui couvrent le sol, sur leur subs-tance, leurs sucs, leurs formes, leurs dimen-sions, et leurs couleurs; si j'avais essayé de vous montrer son influence incontestable, sinon aussi directe, sur la diversité des ra-ces humaines, sur les idées, les croyances, les habitudes, les mœurs, les institutions même des nations? Très-certainement du

moins, nous aurions été amenés à admirer
la justesse et l'élévation de ces paroles d'un
grand ministre : « Dieu a donné à chaque
pays abondance et disette de certaines choses, afin que par le commerce et trafic de
ces choses... la fréquentation, conversation
et société humaine soient entretenues. »
Dieu a donné davantage, Messieurs. Sur les
abîmes qui auraient à jamais séparé les continents, il a jeté les océans qui les réunissent. Par les fleuves et les rivières, il a ap-
pris aux hommes comment les richesses des
nations pourraient circuler et se répandre
dans l'intérieur des terres ou s'écouler vers
les mers, afin de se communiquer à des
pays plus éloignés. Les hommes à leur tour
ont percé des routes et creusé des canaux. Ils
ont inventé les navires. Les relations se sont
établies et développées par le commerce.
Aujourd'hui les chemins de fer rivent, pour
ainsi dire, les nations les unes aux autres.
Ce ne sont pas seulement·des intérêts divers
qui circulent, se croisent, s'enchevêtrent, se
solidarisent sur leurs rails ; de toutes parts
les hommes s'élancent vers des contrées
lointaines : ce sont des idées et des mœurs
différentes qui se rencontrent, se mêlent,
se modifient à ce contact, ou se confondent.
Les institutions viendront ensuite, et n'en

doutons pas, Messieurs, il s'établira peu à peu dans l'humanité une moyenne morale qui, au moins autant que la communauté d'intérêts, amoindrira les causes de guerre, et après les avoir rendues plus rares, finira par les étouffer. D'où je conclus que si l'artillerie tue encore quelque peu son monde, un jour prochain viendra où les chemins de fer tueront le canon rayé.

Notre Romain se réveille, allons-nous-en.

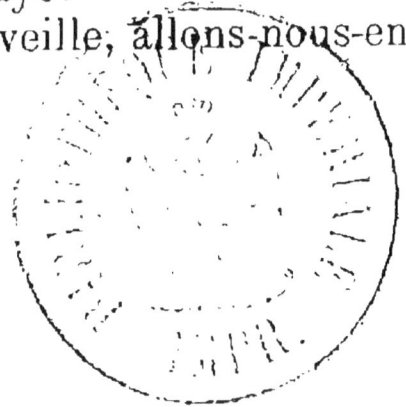

FIN

Coulommiers. — Typ. de A. Moussin.

LIBRAIRIE DE L. HACHETTE ET Cie

Boulevard Saint-Germain, n° 77, à Paris

CONFÉRENCES

FAITES A LA GARE SAINT-JEAN, A BORDEAUX

Édition à 25 c. le vol., format petit in-18.

Chaque vol. soumis au timbre se paie 10 c. en sus de ce prix.

EN VENTE :

Abria (J.-J.-B.), doyen de la Faculté des sciences de Bordeaux. *De quelques propriétés générales des corps.* 1 vol.   25 c.

Cézanne (E.). *Du câble transatlantique.* 1 vol.   25 c.

Jeannel (Dr J.) *Des propriétés physiques de l'air.* 1 vol.   25 c.

—— *Des propriétés chimiques de l'air.* 1 vol.   25 c.

Kératry (comte E. de). *Ruines de Pompéi.* 1 vol. 25 c.

Lacolonge (O. de). *De l'eau considérée au point de vue physique, mécanique et alimentaire.* 1 vol.   25 c.

Lespiault (G.). *Du système solaire.* 1 vol.   25 c.

Rancès (F.). *De la navigation à vapeur.* 1 vol. 25 c.

Raulin (V.). *Le règne minéral.* 1 vol.   25 c.

Royer. *Des gaz pernicieux du foyer.* 1 vol.   25 c.

SOUS PRESSE :

Abria (J.-J.-B.). *Voyage de la lumière au travers des cristaux.* 1 vol.   25 c.

Amé (George). *Du libre échange en France et en Angleterre.* 1 vol.   35 c.

Bellier (A.). *La prévoyance et la charité.* 1 vol. 35 c.

Bert (Paul). *La machine humaine; le combustible.* 1 vol.   25 c.

—— *La machine humaine, la force.* 1 vol.   25 c.

Clavaud (A.). *De la fécondation dans les végétaux supérieurs.* 1 vol.   25 c.

Coulommiers. — Typ. de A. Moussin.

BIBLIOTHEQUE NATIONALE DE FRANCE

3 7531 04113461 1

www.ingramcontent.com/pod-product-compliance
Lightning Source LLC
Chambersburg PA
CBHW031731210326

41519CB00050B/6208